高职高专"十三五"规划教材

手工制作模具零件

朱红雨　曾　敏　主编
王成华　主审

化学工业出版社

·北京·

根据国家《模具设计与制造专业教学标准》对人才培养的要求，结合手工制造模具零件课程和实训资源的需要，本书系统地讲述了模具钳工的安全知识、通用工装夹具和量具的使用、划线、錾削、锯削、锉削、钻削、攻螺纹、研磨等基本的模具钳工操作技能及在模具零件手工制作中的具体运用。为了增加本书的实用性，还提供了全国检修钳工技能竞赛部分试题。

　　本书适用于职业技术学院、成人教育院校的模具设计与制造专业，也可供机械设计与制造、数控技术应用等机械制造类相关专业选用，还可供从事模具设计与制造的工程技术人员、管理人员以及中等职业学校教师参考。

图书在版编目（CIP）数据

手工制作模具零件/朱红雨，曾敏主编. —北京：化学工业出版社，2017.9
高职高专"十三五"规划教材
ISBN 978-7-122-30110-9

Ⅰ.①手… Ⅱ.①朱… ②曾… Ⅲ.①模具-零部件-加工-手工艺-高等职业教育-教材 Ⅳ.①TG760.6

中国版本图书馆 CIP 数据核字（2017）第 156109 号

责任编辑：高　钰　　　　　　　　　　　文字编辑：陈　喆
责任校对：宋　夏　　　　　　　　　　　装帧设计：刘丽华

出版发行：化学工业出版社（北京市东城区青年湖南街 13 号　邮政编码 100011）
印　　装：中煤（北京）印务有限公司
787mm×1092mm　1/16　印张 8¼　字数 196 千字　2017 年 9 月北京第 1 版第 1 次印刷

购书咨询：010-64518888（传真：010-64519686）　　售后服务：010-64518899
网　　址：http://www.cip.com.cn
凡购买本书，如有缺损质量问题，本社销售中心负责调换。

定　　价：28.00 元　　　　　　　　　　　　　　　　　版权所有　违者必究

前言

　　模具作为重要的生产装备，在现代工业的规模生产中日益发挥着重大作用，它改变了传统的机械制造流程，其生产技术水平的高低，已经成为衡量一个国家产品制造水平高低的重要标志，同时决定着产品的质量、效益和新产品的开发能力。

　　本书根据国家《模具设计与制造专业教学标准》对人才培养的要求，按照理论与实践相结合，内容与国家职业技能鉴定规范相结合的原则，打破原有学科知识体系，以实际零件为项目，按照零件制作的流程构建本课程的技能培训体系，按实际操作的需求来讲解必要的理论知识，实现"教学做合一"的教学改革。

　　本书力求通俗易懂、简洁实用，采用了大量的实例和图片，直观明了，既考虑内容的广度，又特别注重内容的通俗性和实用性。全书共分为十章，遵循教育部职业教育"课程内容与职业标准对接、教学过程与生产过程对接"的要求，将理论讲解融入到实际技能操作训练中，系统地讲解了模具钳工的安全知识、通用工装夹具和量具的使用、划线、錾削、锯削、锉削、钻削、攻螺纹、研磨等基本的模具钳工操作技能，附录为全国检修钳工技能竞赛部分试题集。

　　本书配有教学资源：包括用于多媒体教学的 PPT 课件和习题解答，并将免费提供给采用本书作为教材的院校使用。如有需要，请发电子邮件至 cipedu@163.com 获取，或登录 www.cipedu.com.cn 免费下载。

　　本书由朱红雨、曾敏担任主编，蔡华担任副主编。其中，朱红雨老师编写了第一、二章，曾敏老师编写了第七、十章，蔡华老师编写了第八、九章，涂杰老师编写了第五、六章和附录，杨英发老师编写了第三、四章。全书由朱红雨教授负责统稿和定稿，并由王成华副教授对本书作了审定工作，他认真、仔细地审阅，提出了许多宝贵的意见和建议，在此表示衷心感谢。

　　本书主要针对模具设计与制造、CAD/CAM、机械制造、数控技术等专业钳工类课程及实训的教学需要，也可作为相关工程技术人员的和管理人员参考用书或钳工技能竞赛辅导教材使用。

　　在本书的编写过程中，我们参考了诸多文献和资料，包括互联网上的一些信息，在此一并表示感谢。由于编者水平有限，时间仓促，书中难免有不足之处，恳请读者不吝赐教。请将您的意见和建议发送至邮箱 zhuhongyu_hw@163.com，我们将在今后的工作中不断地完善和改进，谢谢！

编者

2017 年 3 月

目录

第一章

概论

◀◀◀

第一节　认识模具钳工

一、钳工的定义与分类

（一）钳工的定义

钳工主要是利用手持工具对工件进行切削加工的一种方法，它是机械制造中的重要工种之一。

目前，钳工大部分由手工操作来完成，故对工人的个人技术要求较高。钳工操作劳动强度较大，生产率较低，但由于钳工所用工具简单，操作灵活、简便，因此，在机械制造和修配工作中，仍是不可缺少的重要工种。

（二）钳工的主要工作任务

钳工的主要工作任务有划线、加工零件、装配、设备维修和创新技术。

① 划线：对加工前的零件进行划线。

② 加工零件：对采用机械方法不太适宜或不能解决的零件，各种工、夹、量具以及各种专用设备等的制造，要通过钳工工作来完成。

③ 装配：将机械加工好的零件按机械的各项技术精度要求进行组件、部件装配和总装配，使之成为合格产品的过程。

④ 设备维修：对机械设备在使用过程中出现损坏、产生故障或长期使用后失去使用精度的零件，通过钳工进行维护和修理。

⑤ 创新技术：为了提高劳动生产率和产品质量，不断进行技术革新，改进工具和工艺，也是钳工的重要任务。

（三）钳工的种类

钳工种类随着机械工业的发展，钳工的工作范围日益扩大，专业分工更细，因此钳工分成了普通钳工、机修钳工、工具钳工、模具钳工等。

① 普通钳工主要从事机器或部件的装配和调整工作以及一些零件的钳加工工作。

② 机修钳工是指使用钳工工具和其他辅助工具和设备对各类设备进行安装、调试、维

护、修理等工作。主要从事设备机械部分的维护和修理。

③ 工具钳工是指使用钳工工具、设备、辅助工具和设备对工装、工具、量具、辅助工具、检测工具、模具进行制造、安装、检测维修等工作。

④ 模具钳工主要从事模具制造、修理、维护以及设备更新工作。除此之外，模具钳工的工作范畴也包括各种夹具、钻具、量具的制作与维护。此外，某些行业还要求模具钳工有能力对一些有特殊要求的工装设备进行设计、加工、组装、测试、校准等。

二、模具钳工的工作内容与职业要求

（一）模具钳工的主要工作内容

1. 主要任务

模具钳工的主要任务是对各种各样的模具进行钳工加工、装配、调试和检测维修。因此，要求模具钳工具有熟练的钳工基本操作技能，如划线、錾削、锉削、锯割、矫正、钻孔、扩孔、锪孔、铰孔、攻螺纹、套螺纹、研磨和抛光等基本操作技术和加工方法，而且还应熟悉各种模具的结构特点和工作条件；各种模具零件的结构特点和配合关系；对模具及其设备的连接使用、成型加工过程、制件的成型加工质量和模具的常见故障原因与修理方法，具有一定的分析、解决问题的能力。

2. 工作对象

模具钳工的工作对象主要是各种类型的模具。通常应熟悉塑料模、冷冲模的结构特点、装配调试、维护维修等作业内容。了解压铸模、锻模、粉末冶金模、橡胶模等模具的结构组成和装配调试方法。

3. 职业规范

① 按模具制造工艺要求，对模具零部件进行金属切削钳工加工。

② 按模具装配工艺要求，进行模具的整体装配、调试和精度检测。

③ 按操作规程，对各类模具所使用的成型加工设备进行操纵和调整。按工艺规范安装模具并进行成型加工试验。

④ 按制订的各项技术要求，对模具成型加工的试件进行检测和质量分析。

⑤ 排除模具成型加工使用过程中的一般故障。

⑥ 对模具的损坏部位和零件进行维修调整。

⑦ 对修复后的模具进行检测调整和运行调试。

⑧ 配合模具技术人员，预测模具的故障，完成模具的检修检测。

⑨ 对使用后的模具进行维护保养。

（二）模具钳工的职业标准

1. 职业功能

以中级模具钳工职业标准为例，模具钳工的职业技能鉴定的主要职业功能包括产品（成型加工制品）工艺、模具制造工艺、模具零件制造、模具总装与调试、模具的维修、安全文明生产等。

2. 相关基础知识

① 安全知识：模具制造中作业者、模具、设备相关的安全知识。

② 模具结构：模具的典型结构、成型件计算、标准件选用等知识。

③ 模具制造工艺：模具结构件、成型件的制造工艺及相关工夹具知识。

④ 模具材料与零件热处理：冷冲模、热塑模、压铸模的用材与热处理知识。

⑤ 金属切削原理及刀具选用：刀具材料、刀具几何参数、刀具选用及刀具磨损等知识。

⑥ 量具使用与技术测量方法：常用量具及其工作原理、常用测量方法、专用量具等知识。

⑦ 模具特种加工方法：电铸加工、电火花加工、数控线切割加工等知识。

三、钳工的基本操作技能要求

钳工应加强基本操作技能训练，严格要求，规范操作，多练多思，勤劳创新。基本操作技能是进行产品生产的基础，也是钳工专业技能的基础，因此，必须熟练掌握，才能在今后工作中逐步做到得心应手，运用自如。钳工基本操作项目较多，各项技能的学习掌握又具有一定的相互依赖关系，必须循序渐进，由易到难，由简单到复杂，一步一步地对每项操作都按要求学习和掌握。基本操作是技术知识、技能技巧和力量的结合，不能偏废任何一个方面。要自觉遵守纪律，有吃苦耐劳的精神，严格按照每个工种的操作要求进行操作，只有这样，才能很好地完成基础训练。

模具钳工还应掌握所加工模具的结构与构造，模具零、部件加工工艺和工艺过程，模具材料及其性能，模具的标准化等知识。

第二节　钳工工作场地与设备

一、钳工工作场地

钳工工作场地是指钳工的固定工作场地。合理组织安排钳工的工作场地，是保证安全生产和产品质量的重要措施。

二、常用设备及其使用方法

（一）钳工工作台

钳工工作台（图 1-1）一般是用木材制成的，要求坚实和平稳，台面高度为 800～900mm，用来安装台虎钳、放置工具、量具和工件，台上装有防护网。

（二）台虎钳

台虎钳是用来夹持工件的一种通用夹具。虎钳的规格大小用钳口的宽度表示，常用的尺寸为 100～150mm。一般有两种：固定式和回转式。

台虎钳工作原理如图 1-2 所示：活动钳身上装有丝杠，固定钳身上装有丝杠螺母，旋转手柄可以带动丝杠一同旋转，使活动钳

图 1-1　钳工工作台

身相对于固定钳身做轴向移动，夹紧或松开工件。在固定钳身和活动钳身上，用螺钉固定安装有经过热处理淬硬的钢制钳口，分别称为固定钳口和活动钳口，钳口的工作面上带有交叉网纹，使工件夹紧后不易滑动。固定式台虎钳的固定钳身直接安装在钳台上；回转式台虎钳的固定钳身安装在一个转盘座上，并能绕转盘座的轴心转动，当转到所需位置时，扳动夹紧手柄旋紧锁紧螺钉，使固定钳身锁紧。转盘座上有三个螺栓孔，用来与钳台固定。

（三）砂轮机

砂轮机是用来刃磨钻头、錾子、车刀等刀具的磨削加工设施。

砂轮机由基座、砂轮、电动机（或其他动力源）、托架、防护罩等组成，如图 1-3 所示。

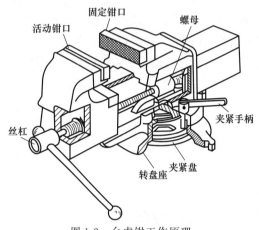

图 1-2　台虎钳工作原理

图 1-3　砂轮机

（四）钻床

钻床指主要用钻头在工件上加工孔的机床。通常钻头旋转为主运动，钻头轴向移动为进给运动。钻床结构简单，加工精度相对较低，可钻通孔、盲孔，更换特殊刀具，可扩、锪孔，铰孔或进行攻螺纹等加工。加工过程中工件不动，让刀具移动，将刀具中心对正孔中心，并使刀具转动（主运动）。钻床的特点是工件固定不动，刀具做旋转运动。钻床的主参数是最大的钻孔直径。

钳工常用的钻床有台式钻床（图 1-4）、立式钻床（图 1-5）、摇臂钻床（图 1-6）、深孔钻床、微孔钻床和手电钻等。

1. 台式钻床

台式钻床简称台钻，如图 1-4 所示，是一种在专用工作台上使用的小型钻床，主要用于加工小型工件上的各种直径在 13mm 以下的小孔。由于其具有小巧灵活、使用方便、结构简单的优点，因此广泛应用于仪表制造、钳工操

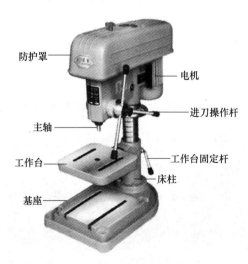

图 1-4　台式钻床

作和装配中。高速台钻主轴转速最高可达近 10000r/min，最低也可达到 400r/min 左右。台钻的传动装置由 V 形带和两组五级塔轮构成，通过改变 V 形带在两个塔轮槽的不同安装位

置来使主轴获得 5 种不同的转速。需要注意的是，调换 V 形带位置时，请断电安全操作。台钻的主轴进给由转动进给手柄实现。在进行钻孔前，需根据工件高度调整好工作台与主轴间的距离，并通过工作台固定杆锁紧固定。

2. 立式钻床

立式钻床是指主轴竖直布置且中心位置固定的钻床，简称立钻，如图 1-5 所示。与台钻相比，立钻刚性好、功率大，因而允许钻削较大的孔，生产率较高，加工精度也较高。立钻适用于单件、小批量生产和加工中、小型零件。立钻的工作台用以放置工件和夹具，可以通过摇动手柄，沿导轨垂直升降，调整工件和夹具与主轴的垂向加工位置；主轴安装钻头、丝锥和铰刀等孔加工刀具；进给变速箱提供刀具的自动进给，并可变换自动进给速度；主轴变速箱可变换主轴的转速，适应各种孔加工刀具的转速要求。

3. 摇臂钻床

摇臂钻床有一个能绕立柱旋转的摇臂，摇臂带着主轴箱可沿立柱垂直移动，同时主轴箱还能在摇臂上作横向移动，如图 1-6 所示，因此操作时能很方便地调整刀具的位置，以对准被加工孔的中心，而不需移动工件来进行加工。摇臂钻床适用于一些笨重的大工件（如大型模具）以及多孔工件（如模具模板）的加工，最大钻孔直径可达 $\phi 80\text{mm}$。

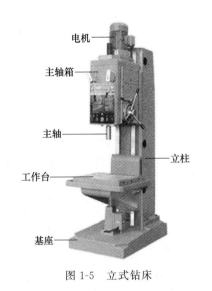

图 1-5 立式钻床

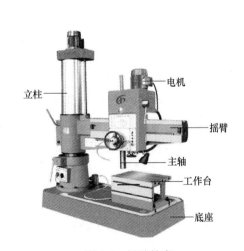

图 1-6 摇臂钻床

4. 深孔钻床

深孔钻床是专门化机床，专门用于加工深孔，例如加工枪管、炮管和机床主轴等零件的深孔。这种机床加工的孔较深，为了减少孔中心线的偏斜，加工时通常是由工件转动来实现主运动，深孔钻头并不转动，只作直线的进给运动。此外，由于被加工孔深而且工件往往又较长，为了便于排除切屑及避免机床过于高大，深孔钻床通常是成卧式的布局。因此，深孔钻床的布局与车床类似。在深孔钻床中备有冷却液输送装置（由刀具内部输入冷却液至切削部位）及周期退刀排屑装置。

5. 微孔钻床

微孔钻床是专门用于加工微型孔的钻床，这种钻床具有精确的自定心系统，保证在钻削过程中，钻头不致损坏。

第三节　钳工常用工具及其使用

钳工常用的加工工具有以下 8 种：

① 划线类工具：划线平台、千斤顶和垫铁、样冲、划针、划规、划针盘和高度尺、分度头等。

② 锉削类工具：普通锉、异形锉、整形锉等。

③ 錾削类工具：扁錾、尖錾、油槽錾、锤子等。

④ 锯割类工具：锯弓、锯条等。

⑤ 攻螺纹、铰孔类工具：铰刀、铰杠、丝锥、板牙、板牙架等。

⑥ 刮研类工具：刮刀、刮削校准工具和研磨工具等。

⑦ 拆装类工具：旋具、扳手、拉卸工具等。

⑧ 电动气动类工具：手电钻、电磨头、风动砂轮、风镐和风铲等。

本节主要介绍扳手、锤子、钢锯架（条）、螺钉旋具等常用工具的用法。其他工具的用法将在以后相关章节中介绍。

一、扳手

扳手是一种常用的安装与拆卸工具。它是利用杠杆原理拧转螺栓、螺钉、螺母和其他螺纹、紧固螺栓或螺母的开口或套孔固件的手工工具。

（一）双头呆扳手和双头梅花扳手

双头呆扳手的规格由两端开口宽度而定，如 12mm×14mm、17mm×19mm 等，如图 1-7 所示。双头梅花扳手两端呈花环状，其内孔由 2 个正六边形相互同心错开 30°而成，如图 1-8 所示。其主要用于紧固或拆卸螺栓、螺母。

图 1-7　双头呆扳手　　　　　　　　　　图 1-8　双头梅花扳手

（二）活扳手

活扳手由扳手体、固定钳口、活动钳口及蜗杆等组成。活扳手是通用扳手。如图 1-9 所示，其规格以手柄长度和最大开口宽度而定，如 150mm×19mm、250mm×30mm 等。活扳手的开口宽度可以调节，每一种规格能扳动一定尺寸范围内的六角头或方头螺栓和螺母。它的开口尺寸可在一定的范围内调节，所以对于在开口尺寸范围内的螺钉、螺母一般都可以使用。但是也不宜用大尺寸的扳手旋紧尺寸较小的螺钉，否则会因扭矩过大而使螺钉折断；应按螺钉六方头或螺母六方的对边尺寸调整开口，空隙不要过大，否则将会损坏螺钉头或螺母，并且容易滑脱，造成伤害事故；应让固定钳口受主要作用力，要将扳手柄向作业者方向拉紧，不要向前推，扳手手柄不可以任意接长，不应该将扳手当锤击工具使用。

在拆卸外六角螺钉时，条件允许的情况下，应首选梅花扳手，次选呆扳手，最后选活扳手。

（三）内六角扳手

如图 1-10 所示，其规格以六方的对边尺寸（s）和扳手长端的长度（L）而定，如 6mm（s）×90mm（L）、8mm（s）×100mm（L）等。其主要用于紧固或拆卸内六角螺钉。台虎钳活动钳口通常是使用内六角螺钉固定的，拆装的时候通常用内六角扳手。

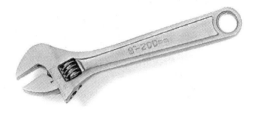

图 1-9 活扳手

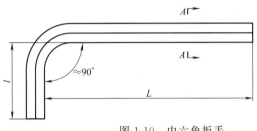
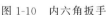

图 1-10 内六角扳手

（四）丝锥板牙扳手

如图 1-11 所示，其规格以扳手长度和使用的丝锥或板牙直径而定，如 180mm×（3～6）mm、28mm×（6～14）mm 等。其主要用于装夹丝锥，加工零件的螺纹。其操作使用将在第八章中介绍。

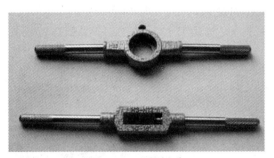

图 1-11 丝锥扳手

二、锤子

锤子是主要的击打工具，如图 1-12 所示，由锤头和锤柄组成，锤头材质多为 45 钢。根据被击打工件的不同，也有用铅、铜、橡皮、塑料或硬木等制成锤头的软锤子。钳工锤子的规格由锤子的质量而定，如 0.25kg、0.5kg、1kg 等。锤柄呈椭圆形，一般选用比较坚硬的木材制作。锤柄安装必须稳固可靠，要防止锤头脱落造成事故，为此，将锤柄装在两端大、中间小的椭圆孔中后，还必须在端部打入斜楔铁，以防止锤柄松动而引起锤头脱落。手锤的构造规格以及锤柄长度和握锤部位，如图 1-12 所示。

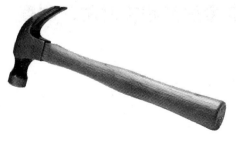
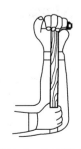

(a) 手锤　　　　　　　　(b) 锤柄长度及握锤的部位

图 1-12 手锤

使用锤子时应该注意以下几点：

① 使用前应该检查手柄是否松动，以免锤头滑脱而造成事故。

② 清除锤面和手柄的油污，以防敲击时锤面从工作面上滑下造成机件损坏。

③ 锤子的质量应与工件、材料相适应，过重和过轻都是安全隐患。

三、钢锯

钢锯由钢锯弓和锯条两部分组成，钢锯弓也叫钢锯架，分为固定式和可调式两种。固定式可装夹 300mm 长的锯条，可调式可分别装夹 200mm、250mm、300mm 三种长度的锯条。可调式钢锯弓的弓架分为前后两段，由于前段在后端套内可以伸缩，因此可以安装几种长度规格的锯条，故目前广泛使用的都是可调式钢锯架，如图 1-13 所示。锯割训练及其安全操作规程将在第五章中介绍。

图 1-13　钢锯

四、螺钉旋具

（一）一字槽螺钉旋具

一字槽螺钉旋具的规格根据手柄长度、杆径和全长而定，如 50mm×5mm×135mm、60mm×5mm×150mm 等，主要用于紧固或拆卸一字槽螺钉、木螺钉。一字槽螺钉旋具如图 1-14（a）所示。

（二）十字槽螺钉旋具

十字槽螺钉旋具的规格一般按照十字槽规格分为 Ⅰ、Ⅱ、Ⅲ、Ⅳ 四种型号，其中 Ⅰ 号螺钉旋具适用于直径为 2～2.5mm 的螺钉；Ⅱ、Ⅲ、Ⅳ 号螺钉旋具分别适用于直径为 3～5mm、6～8mm、10～12mm 的螺钉，专为旋动十字槽螺钉、木螺钉所用。十字槽螺钉旋具如图 1-14（b）所示。

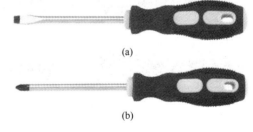
图 1-14　螺钉旋具

第四节　钳工安全生产和文明生产制度

一、钳工工作场地管理

钳工工作场地要求：

① 合理布局主要设备。钳台是钳工工作最常用的场所，应安放在光线适宜、工作方便的地方；面对面使用的钳台应在中间装上安全网；钳台间距要适当。砂轮机、钻床应安装在场地的边沿，尤其是砂轮机，一定要安放在安全可靠的地方，使得即使砂轮飞出也不致伤及

人员；必要时甚至可将砂轮机安装在车间外墙沿。

② 正确摆放毛坯、工件。毛坯和工件的摆放要整齐，尽量放在工件架上，以免磕碰，便于工作。

③ 合理、整齐存放工、量具，并考虑到取用方便。工、量具不允许任意堆放，以防工、量具受损坏。精密的工、量具更要轻拿轻放。常用的工、量具应放在工作台附近，以便随时拿取，工、量具用后要及时清扫干净，并将切屑等污物及时送运到指定地点。

④ 工作场地应保持清洁。工作和训练后应按要求对设备进行清理、润滑，并把场地打扫干净。

二、安全操作规程和守则

(一) 常用工具使用的注意事项

① 台虎钳上不能放置工具，以防止滑下伤人或导致工量具损坏。

② 用虎钳夹持工件时，只能使用钳口最大行程的三分之二，不得用其他方法加力或敲击。

③ 手锤头、錾子顶端有油时必须清理干净后方可使用；手锤使用前应检查手柄和锤头是否牢固。

④ 锉刀、刮刀不能当手锤用，不能当撬棒用以防折断。

⑤ 手锯上锯条时要松紧适度，不要上得过紧，也不要过松。锯条旋得过紧易造成锯弓变形，锯条绷断伤人，过松易掉锯条。

⑥ 在平台上工作时，禁止台面上放杂物，严禁用手敲击、刮削工件等。

(二) 砂轮机的安全操作规程

① 砂轮机应安排负责人，每日检查螺钉是否松动，砂轮是否有开裂现象。

② 砂轮机必须装有防护罩，任何人不得私自拆除。

③ 开机前必须检查防护设备设施、机座是否牢固。

④ 在使用砂轮机时，工作者应站在砂轮机回转线侧面或托架中间的间隙内。

⑤ 磨削时不要用力过猛，避免工件打滑，撞砂轮伤手。

⑥ 在平面磨削时禁止使用两侧面，并禁止在小砂轮上磨大件。

⑦ 在更换砂轮片时或重新安装后，要经过试车检查后方可使用。

⑧ 使用手持砂轮机时应保持一定的压力，掌握牢固，防止砂轮机跳动，禁止用砂轮机侧面磨削。

⑨ 砂轮机用完后应关闭电源，关闭砂轮机开关。

(三) 钻床安全操作规程

① 工作前对所用的钻床和钻夹具进行全面检查，正常运行后方可使用。

② 钻孔时严禁戴手套，工件必须夹紧，牢固可靠；钻小件时不能用手拿着钻，应用工具夹持。

③ 在使用立式钻床和摇臂钻床时，要按需钻孔的大小调整好转速、行程限位块。手动进给时，一般按慢速进给到均速进给再到减速进给的顺序进行操作，孔要钻通时一定减慢进刀速度，以免用力过猛，进刀过快，造成伤害。

④ 钻头粘有长铁屑时，一定要停车清理，禁止用嘴吹、用手拉，要用刷子或铁钩子进

行清除。

⑤ 钻深孔时，应多次排屑，钻孔深度增加，排屑的次数要相应增加以免切屑卡住钻头，造成停车或打断钻头。

⑥ 未停车情况下不得翻转、卡压、测量工件。

⑦ 使用摇臂钻床时，横臂回转范围内不得有障碍物，工作前摇臂必须卡紧，工作时不能突然变速；工作结束后将摇臂降到最低位置，主轴箱要靠近立柱并卡紧。

三、安全文明生产的基本要求

（一）工作前

① 按要求穿戴劳保用品。女同志应戴工作帽，将长发塞入帽子里。夏季禁止穿裙子、短裤和凉鞋入场操作。

② 了解工作场所的规定。仔细检查设备、机器、工具和其他用品，发现问题及时上报。

③ 在危险工作开始前，准备灾害预防性措施，放好标志，告知同事你在做什么。

（二）工作中

① 不准擅自使用不熟悉的机床、工具、夹具及量具。

② 使用电动工具时，要有绝缘防护和安全接地措施。

③ 工作时一定要集中精力，严格遵守钳工安全操作规程。

④ 在联合工作中，保持与协作者良好的沟通。发现危险时，应采取紧急措施，在确保自身安全的同时给附近同事警讯。

（三）工作完成后

工作完成后，应仔细检查、打扫工作中所使用的工具、夹具、量具和机器；将用过的工具和设备在规定的地方排放整齐；保持工作场所干净，最后检查明火、开关、阀门等。

思考与练习

1. 什么叫钳工？钳工基本操作有哪些？

2. 钳工是如何分类的？

3. 模具钳工的主要工作内容是什么？

4. 模具钳工的职业标准有哪些主要内容和要求？

5. 钳工常用的工具有哪些？如何使用？使用中应注意什么？

6. 常用工具使用的注意事项有哪些？

7. 砂轮机、钻床安全操作规程是什么？

8. 钳工安全生产的基本要求有哪些？

第二章

常用量具和量仪的使用

<<<

测量是用量具量仪确定被测对象的有关数值的过程，检验是指判断被测量是否在规定范围内的过程，检测是检验和测量的总称，而检查是指检测和外观验收等方面的过程。

完整的测量过程包括被测对象、计量单位、测量方法和测量精度四个方面，通常称为测量过程四要素。被测对象的结构特征和测量要求在很大程度上决定了测量方法，测量方法决定测量时所采用的计量工具、测量条件以及产生的测量精度。

钳工常用的量具和量仪有：高度游标卡尺（划线尺）、游标卡尺、深度游标尺、钢直尺、内径千分尺、外径千分尺、深度千分尺、刀口尺、百分表、千分表、块规、R 规、正弦规、角尺或万能角尺、塞尺等。

第一节　长度测量类量具和量仪及其使用

一、钢尺

钢尺是常用量具中最简单的一种，有卷尺、直尺之分，最小刻线为 0.5mm，可用来测量工件的长度、宽度、高度和深度。钢直尺 [图 2-1 （a）] 规格有 150mm、300mm、500mm、和 1000mm 四种，钢直尺的使用方法如图 2-1 （c）所示。卷尺 [图 2-1 （b）] 规格有 3m、5m、10m 等。

二、游标卡尺

（一）游标卡尺的分类

游标卡尺是机械加工中使用最广泛的量具之一，它是一种中等精度的量具，可以直接测量出工件的外径、内径、长度、宽度、深度和孔距等尺寸。

1. 三用游标卡尺

如图 2-2 （a）所示，三用游标卡尺由尺身 1、上量爪 2、尺框 3、下量爪 7、螺钉 4、游标 5 和深度尺 6 组成。旋松游标用螺钉即可移动游标，调节上下量爪开度大小进行测量。

2. 双面游标卡尺

如图 2-2 （b）所示，双面游标卡尺与三用游标卡尺相比，在其游标上增加了微调装置，松开螺钉 1 和螺钉 2 即可推动游标在尺身上游动。需要微动调节时，可将螺钉 2 紧固，松开

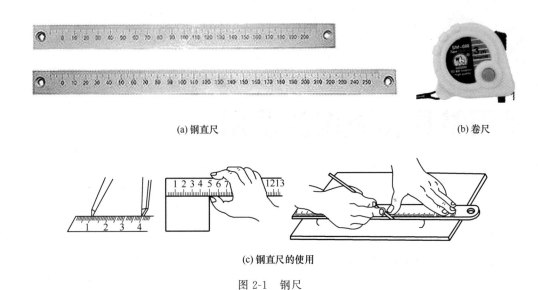

(a) 钢直尺　　　　　　　　　　　　　(b) 卷尺

(c) 钢直尺的使用

图 2-1　钢尺

螺钉1，用手指转动微调螺母，通过小螺杆使游标微动，量得尺寸后，可拧紧螺钉1使游标紧固。

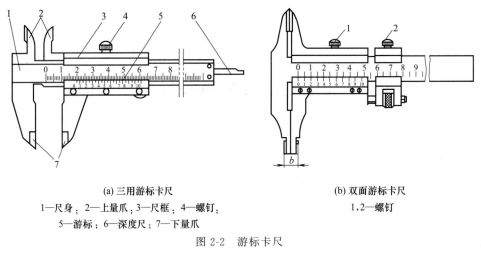

(a) 三用游标卡尺　　　　　　　　　　　(b) 双面游标卡尺

1—尺身；2—上量爪；3—尺框；4—螺钉；　　　　1,2—螺钉

5—游标；6—深度尺；7—下量爪

图 2-2　游标卡尺

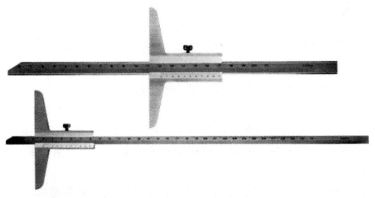

图 2-3　深度游标卡尺

3. 深度游标卡尺

深度游标卡尺（图2-3）用于测量凹槽或孔的深度、梯形工件的梯层高度、长度等尺寸，平常被简称为深度尺。

4. 高度游标卡尺

高度游标卡尺（图2-4）简称高度尺，主要用途是测量工件的高度，另外还经常用于测量形状和位置公差尺寸，有时也用于划线。

图2-4　高度游标卡尺

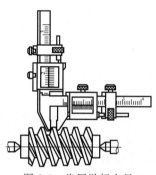

图2-5　齿厚游标卡尺

5. 齿厚游标卡尺

齿厚游标卡尺（图2-5）是利用游标原理，以齿高尺定位对齿厚尺两测量爪相对移动分隔的距离进行读数的齿厚测量工具。

（二）游标卡尺的读数方法

使用游标卡尺测量工件时，读数过程可分为下面三个步骤（以0.02mm游标卡尺为例）：

第一步：读整数。

读出游标"0"刻度对应尺身上相应刻度的整数值。

第二步：读小数。

找出与尺身刻线对准的游标刻线，将其刻线数乘以游标精度值0.02mm，所得的乘积即为读数的小数值。

第三步：测量值。

测量值＝游标零位指示的尺身整数值＋计算出的小数值。

游标卡尺在制造过程中存在一定的示值误差，由表2-1可知，0.02mm游标卡尺的示值误差为±0.02mm，因此不能测量精度较高的工件尺寸。

（三）使用游标卡尺的注意事项

① 应根据所测工件的部位和尺寸精度，合理地选择卡尺的种类和规格。

② 用游标卡尺测量前应先检查并校对零位。

③ 测量时，移动游标并且使量爪与工件被测表面保持良好接触，取得尺寸后最好把螺钉旋紧后再读数，以防尺寸变动，影响测量的准确性。

④ 游标卡尺测量力要适当，测量力太大会造成尺框倾斜，产生测量误差；测量力太小，游标卡尺与工件接触不良，使测量尺寸不准确。

⑤ 游标卡尺在使用过程中，不要和工具、刀具放在一起，以防受到破坏。

⑥ 游标卡尺用完后，应及时擦净、涂油，放在专用盒中，保存在干燥处，以免生锈。

表 2-1　游标卡尺的示值误差　　　　　　　　　　　　　mm

游标读数值	示值总误差	游标读数值	示值总误差
0.02	±0.02	0.05	±0.05

三、千分尺

千分尺是一种精密量具，它的测量精度比游标卡尺高，而且比较灵敏。因此对于精度要求较高的工件尺寸，要用千分尺来测量。

（一）千分尺

1. 外径千分尺

外径千分尺是用来测量外径、长度、球的直径以及薄片的厚度等尺寸的。其结构如图 2-6 所示，是由尺架、测砧、测微螺杆、固定套筒、微分筒、紧锁钮等组成。旋转旋钮时，就带动测微螺杆和微分筒一起旋转，并沿轴向移动，即可测量尺寸。转动锁紧钮，通过偏向锁紧可使测微螺杆固定不动，这样可以防止尺寸变动。松开棘轮，可使测微螺杆与微分筒分离，以便调整零刻线位置。

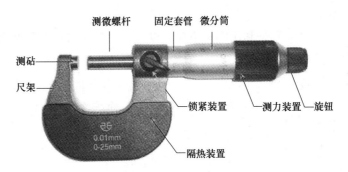

图 2-6　外径千分尺

2. 内径千分尺

内径千分尺是用来测量内尺寸的精密量具，如图 2-7 所示。内径千分尺的刻线方向与外径千分尺的刻线相反，其读数方法和测量精度与外径千分尺相同。

图 2-7　内径千分尺

3. 深度千分尺

深度千分尺（图 2-8）是应用螺旋副转动原理将回转运动变为直线运动的一种量具，用于测量机械加工中的深度、台阶等尺寸。

4. 公法线千分尺

公法线千分尺（图 2-9）是利用螺旋副原理对弧形尺架上两盘形测量面分隔的距离进行读数的齿轮公法线测量器具，是一种通用的齿轮测量工具。

5. 螺纹千分尺

螺纹千分尺（图 2-10）是应用螺旋副传动原理将回转运动变为直线运动的一种量具，主要用于测量外螺纹中径。

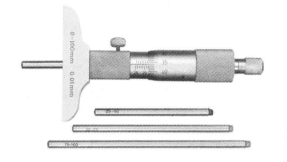

图 2-8　深度千分尺　　　　　　　　　　图 2-9　公法线千分尺

（二）千分尺的读数方法

千分尺的读数机构是由固定套筒和微分筒组成的，固定套筒上的纵向刻度线是微分筒读数值的基准线，而微分筒锥面的端面是固定套筒读数值的指示线。固定套筒纵向刻度线的上、下两侧各有一排均匀的刻度线，刻度线的间距都是 1mm，且相互错开0.5mm，标出数字的一侧表示毫米数，未标数字的一侧即为 0.5mm。

图 2-10　螺纹千分尺

用千分尺进行测量时，其读数分为以下三个步骤：

第一步：读整数。

微分筒锥面端左边固定套筒露出来的刻线数值，即为被测件的整数值。

第二步：读小数。

找出与基准线对准的微分筒上的刻线数值，如果此时整数部分的读数值为毫米整数，那么读刻线数值就是被测件的小数值；如果此时整数部分的读数值为 0.5mm，则该刻线数值还要加上 0.5mm 才是被测件的小数值。

第三步：整个读数。

将上面两次读数值相加，就是被测件的整个读数值。

千分尺的制造精度分为 0 级和 1 级两种，0 级精度最高，1 级稍差。千分尺的制造精度主要由它的示值误差和两测量面平行度误差的大小决定。

（三）使用千分尺的注意事项

① 使用前，应检查千分尺的各部分是否灵活可靠、是否对零正确，以及微分筒的转动是否灵活，螺杆的移动是否平稳，锁紧装置是否可靠等。还应把工件的测量表面擦干净，以免脏物影响测量精度。测量时，要使螺杆轴线与工作的被测尺寸方向一致，不能倾斜。

② 使用外径千分尺时，一般用手握住隔热装置。如果用手直接握住尺架，就会使千分尺和工件因温度不一致而增加测量误差。在一般情况下，应注意使外径千分尺和被测工件具有相同的温度。

③ 千分尺两测量面在与工件接触前，要使用棘轮，不要转动微分筒。

④ 千分尺测量面与被测工件相接触时，要考虑工件表面的几何形状。

⑤ 按被测尺寸调节外径千分尺时，要慢慢地转动微分筒或棘轮，不要握住微分筒挥动或摇动尺架，以防止精密测微螺杆变形。

⑥ 测量时，应使砧座测量面与被测表面接触，然后摇动测微头找到正确位置后，使测微螺杆的测量面与被测表面接触，在千分尺上读取被测值。当千分尺离开被测表面进行读数时，应先用锁紧手柄将测微螺杆锁紧再进行读数。

⑦ 千分尺不能当卡规或卡钳使用，以防止划坏千分尺的测量面。

⑧ 使用千分尺测同一长度时，一般应反复测量几次，取其平均值作为测量结果。

⑨ 千分尺用完后，应用纱布擦干净，在砧座与测微螺杆之间留出一点空隙，放入盒中。如长期不用可抹上黄油或机油，放置在干燥的地方。注意不要让它接触腐蚀性气体。

四、卡钳

卡钳是钳工常用的测量辅助工具，根据被测量尺寸性质不同，卡钳可分为内卡钳和外卡钳，如图 2-11 所示。外卡钳用于测量圆柱体的外径或物体的长度等。内卡钳用于测量圆柱孔的内径或槽的宽度等。

图 2-11　内、外卡钳

卡钳的使用方法有两种：卡钳在钢尺上取尺寸法和卡钳测量法。

1. 卡钳在钢尺上取尺寸方法

外卡钳的一个钳脚的测量面靠着钢尺的端面，另一钳脚的测量面对准所取的尺寸刻线上，且两测量面的连线应与钢尺平行。使用内卡钳时，其取尺寸方法与外卡钳一样，只是在钢尺的端面须靠着一个辅助平面，内卡钳的一个脚也靠着该平面。

2. 卡钳测量法

用外卡钳测量圆的中心距时，要使两钳脚测量面的连线垂直于圆的轴线，不加外力，靠外卡钳自重滑过圆的外圆，这时外卡钳开口尺寸就是圆柱的直径。

用内卡钳测量孔的直径时，要使两钳脚测量面的连线垂直并相交于内孔轴线，测量时一个钳脚靠在孔壁上，另一个钳脚由孔口略偏里面一些逐渐向外测试，并沿孔壁的圆周方向摆动，当摆动的距离最小时，内卡钳的开口尺寸就是内孔直径。

注意：轻敲卡钳的内侧和外侧来调整开口的大小，绝不允许敲击卡钳尖端，以免影响卡钳的准确性。

第二节　角度测量类量具和量仪及其使用

一、万能角度尺

万能角度尺是利用游标读数原理来直接测量工件角或进行划线的一种角度量具。

二、万能角度尺的结构及读数方法

如图 2-12 所示，万能角度尺由刻有角度刻线的主尺 3 和固定在扇形板上的游标 1 组成。扇形板 2、直尺 5 用卡块 4 固定在 90°角尺 6 上，如果拆下 90°角尺 6，则也可将直尺 5 固定在扇形板上。万能角度尺的精度有 2′和 5′两种。以分度值为 2′的万能角度尺为例，其主尺刻度线每格为 1°，而游标刻线每格为 58′，即主尺 1 格与游标 1 格的差值为 2′，它的读数方法与游标卡尺完全相同。

用万能角度尺测量工件时，由于 90°角尺和直尺可以移动和拆换，万能角度尺的测量范围可以测量 0°～320°的任何角度。

三、使用万能角度尺的注意事项

测量前，用干净纱布将万能游标量角器擦干，再检查各部件间的移动是否平稳可靠、止动后的读数是否不动，然后对"0"位。测量时应先校对零件，当角尺与直尺均安装好，且 90°角尺的底边及基尺之间无间隙接触，主尺与游标的"0"线对准时即调好零位，使用时通过改变基尺、角尺、直尺的相互位置，在万能角度尺测量范围内可测量任意角度。测量完毕后，用干净纱布仔细擦干净万能角度尺，涂上防锈油放入盒内。

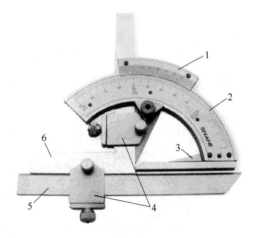

图 2-12　万能角度尺
1—游标；2—扇形板；3—主尺；
4—卡块；5—直尺；6—90°角尺

第三节　样板类量具和量仪及其使用

一、直角尺

直角尺是一种专业量具，简称为角尺，在有些场合还被称为靠尺，如图 2-13 所示。它用于检测工件的垂直度及工件相对位置的垂直度，有时也用于划线。它的特点是精度高，稳定性好，便于维修。

图 2-13　角尺　　　　　　　　　　　　　　　图 2-14　刀口形直尺

二、刀口形直尺

　　刀口形直尺是样板平尺中的一种，测量面呈刀口状，是用于测量工件平面形状误差的测量器具，如图 2-14 所示。

　　刀口形直尺的使用方法如图 2-15 所示。

　　利用刀口的直线度检测工件、设备的平直度：将刀口贴近需要检测的工件，观察光线（在被测物后面放一张白纸，或点一盏灯加强亮度）根据透光缝的大小判定平直度（用塞尺测光缝的大小来测出平直度）。刀口形直尺测量面上不应有影响使用性能的锈蚀、碰伤、崩刃等缺陷。

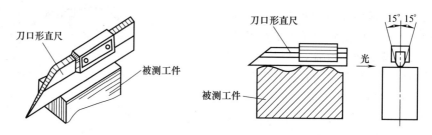

图 2-15　刀口形直尺的使用方法

三、塞尺

　　塞尺是用来检查两贴合面之间间隙的薄片量尺，如图 2-16 所示。它由一组薄钢片组成，其每片的厚度为 0.01~1mm 不等，测量时用塞尺直接塞进间隙，当一片或数片钢片能塞进两贴合面之间，则这一片或数片的厚度（可由钢片身上的标记读出）即为两贴合面的间隙值。

　　使用塞尺测量时选用的尺片越薄越好，而且必须先擦净尺面和工件，测量时不能使劲硬塞，以免造成弯曲和折断。

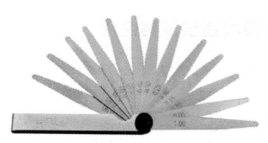

图 2-16　塞尺

四、螺纹样板

螺纹样板带有确定的螺距及牙形，且满足一定的准确度要求，用作螺纹标准对同类的螺纹进行测量的标准件，如图 2-17 所示。

使用方法及注意事项：

① 测量螺纹螺距时，将螺纹样板组中齿形钢片作为样板，卡在被测螺纹工件上，如果不密合，就另换一片，直到密合为止，这时该螺纹样板上标记的尺寸即为被测螺纹工件的螺距。但是，须注意把螺纹样板卡在螺纹牙廓上时，应尽可能利用螺纹工作部分长度，使测量结果较为准确。

图 2-17　螺纹样板

② 测量牙形角时，把螺距与被测螺纹工件相同的螺纹样板放在被测螺纹上面，然后检查它俩的接触情况。如果没有间隙透光，则被测螺纹的牙形角是正确的。如果有不均匀间隙透光现象，那就说明被测螺纹的牙形不准确。但是，这种测量方法是很粗略的，只能判断牙形角误差的大概情况，不能确定牙形角误差的数值。

五、半径样板

半径样板是带有一组准确内、外圆弧半径尺寸的薄板，用于检验圆弧半径的测量器具，半径样板和使用方法如图 2-18 所示。

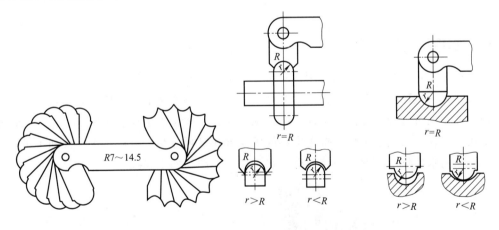

(a) 半径样板　　　　　　　(b) 完全合格和不合格的各种情况

图 2-18　半径样板和使用方法

六、卡规与塞规（简称量规）

用量规检验工件时，只能检验工件尺寸合格与否，不能测出工件的具体尺寸。量规在使用时省去了读数，操作比较方便。一般在批量生产时专门制造，以提高生产效率。

1. 卡规

卡规是用来检验轴径或厚度的专用量具。它有通端和止端，卡规的通端尺寸等于工件的最大极限尺寸，止端尺寸等于工件的最小极限尺寸。检测工件时，工件的尺寸能通过通端而不能通过止端，则尺寸合格，如图 2-19 所示。

2. 塞规

塞规是用来检验孔径或槽宽的专用量具。通端尺寸等于工件的最小极限尺寸，止端尺寸等于工件的最大极限尺寸。检测工件时，通端可进入孔或槽，止端不能通过孔或槽，则尺寸合格，如图 2-20 所示。

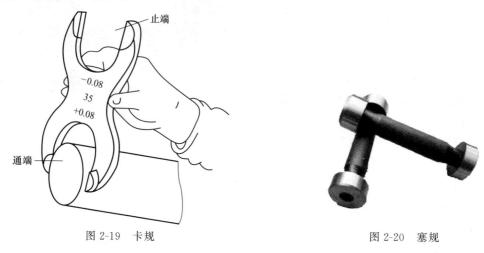

图 2-19　卡规

图 2-20　塞规

第四节　常用精密量具和量仪及其使用

一、水平仪

水平仪是一种测量小角度的常用量具。在机械行业和仪表制造中，用于测量相对于水平位置的倾斜角、机床类设备导轨的平面度和直线度、设备安装的水平位置和垂直位置等。水平仪按外形不同可分为：万向水平仪、圆柱水平仪、一体化水平仪、迷你水平仪、相机水平仪、框式水平仪、尺式水平仪；按水准器的固定方式又可分为：可调式水平仪和不可调式水平仪。常见的水平仪有条形水平仪和框式水平仪，如图 2-21 所示。

(a) 框式水平仪　　　　　　　　(b) 条形水平仪

图 2-21　水平仪

水平仪主要应用于检验各种机床及其他类型设备导轨的直线度和设备安装的水平位置、垂直位置。它也能应用于测量小角度和带有 V 形槽的工作面，还可测量圆柱工件的安装平行度以及安装的水平位置和垂直位置。

水平仪刻度值用角度（秒）或斜率来表示，它的含义是以气泡偏移一格工作倾斜的角度表示，或以气泡偏移一格工作表面在一米长度上倾斜的高度表示。由于水平仪的使用倾角很小，因此测量时需使水平仪工作面紧贴被测表面，待气泡稳定后方可读数。如需测量长度为 L 的实际倾斜值则可通过下式进行计算：

实际倾斜值＝标称分度值×L×偏差格数

例如，标称分度值为 0.02mm/m，L＝200mm，偏差格数为 2 格，则：

$$实际倾斜值＝0.02/1000×200×2＝0.008（mm）$$

为避免由于水平仪零位不准而引起的测量误差，在使用前必须对水平仪零位进行检查或调整，其方法是：将被校水平仪放在大致水平的平板上，紧靠定位块，待气泡稳定后以气泡的一端读数为 a_1，然后将水平仪调转 $180°$，准确地放在原位置，按照第一次读数的一边记下气泡另一端的读数为 a_2，两次读数差的一半则为零位误差，即为$(a_1－a_2)/2$ 格。如果零位误差超过许可范围，则需调整零位机构，反复调整螺钉达到要求。

水平仪使用注意事项：

① 测量前，应认真清洗测量面并擦干，检查测量表面是否有划伤、锈蚀、毛刺等缺陷。

② 检查零位是否正确。如不准，则应对可调式水平仪进行调整，调整方法如下：将水平仪放在平板上，读出气泡管的刻度，这时在平板的平面同一位置上，再将水平仪左右反转 $180°$，然后读出气泡管的刻度。若读数相同，则水平仪的底面和气泡管平行；若读数不一致，则使用备用的调整针，插入调整孔后，进行上下调整。

③ 测量时，应尽量避免温度的影响，水准器内液体受温度影响变化较大，因此，应注意手热、阳光直射、哈气等因素对水平仪的影响。

④ 使用中，应在垂直水准器的位置上进行读数，以减少视差对测量结果的影响。

二、百分表

百分表是一种精度较高的比较量具，可用来精确测量零件圆度、圆跳动、平面度、平行度和直线度等形位误差，也可用来找正工件、检验机床精度和测工件的尺寸。

1. 百分表的结构

百分表的结构如图 2-22 所示，由主指针、转数指针、表壳、表盘、测量杆和测量头组成。当测量杆向上或向下移动 1mm 时，通过齿轮传动系统带动主指针转一圈，转数指针转一格。刻度盘在圆周上有 100 等分的刻度线，其每格的读数为 1mm/100＝0.01mm。常用百分表小指针刻度盘的圆周上有 10 个等分格，每格为 1mm。

2. 百分表的读数方法

百分表测量时两个指针所示读数之和即为尺寸变化量，也就是先读出转数指针的刻度值（即尺寸的整数部分），再读主指针转过的刻度线（即小数部分），并乘以 0.01，然后两者相加即可得到所测量的数值。百分表使用时常装在专用的百分表架上。

3. 使用百分表的注意事项

测量时，为读数方便，常把指针转到表盘的零点作为起始值。对零时先使测量头与基准表面接触，在测量范围允许的条件下，最好压缩测量头，使指针转过 2～3 圈后再把表紧固

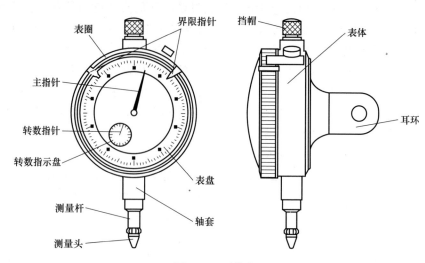

图 2-22   百分表

住，然后对零。同时百分表的测量要与被测工件表面保持垂直，而测量圆柱形工件时，测量杆的中心线则应垂直地通过被测工件的中心线，否则将增大测量误差。使用百分表的注意事项如下：

① 按压测量杆的次数不要太多，距离不要过大，尤其应避免急剧向极端位置按压测量杆，否则将造成冲击，损坏机构并加剧零件磨损。

② 测量时，测量杆的行程不要超出它的测量范围，以免损坏表内零件。

③ 百分表应避免受到剧烈振动和碰撞，不要敲打表的任何部位，调整或测量时，不要使测量头突然撞落在被测件上。

④ 不要手握测量杆，测量杆上也不能压放其他东西，以免造成测量杆弯曲变形。

⑤ 百分表座要放平稳，以免百分表落地摔坏。使用磁性表座时，一定要注意检查表座的按钮位置。

⑥ 严防水、油和灰尘入内。不要把百分表浸在冷却液或其他液体中，不要把百分表放在磨屑或灰尘飞扬的地方，不要随便拆卸表的后盖。

⑦ 如果不是长期保管，测量杆不允许涂凡士林或其他油类，否则会使测量杆和轴套黏结，造成测量杆运动不灵活。

⑧ 百分表用完后，要擦净放回盒内，并让测量杆处于放松状态，避免表内弹簧失效。

三、正弦规

正弦规是利用三角法测量角度的一种精密量具。一般用来测量带有锥度或角度的零件。因其测量结果是通过直角三角形的正弦关系来计算的，所以称为正弦规。

正弦规主要由钢制长方体和固定在其两端的两个相同直径的钢圆柱体组成，如图 2-23 所示。其两个圆柱体的中心距要求很准确，两圆柱的轴心线距离 L 为 100mm 或 200mm 两种。工作时，两圆柱轴线与主体严格平行，且与主体相切。图 2-24 所示为利用正弦规测量圆锥量规的情况。在直角三角形中，$\sin\alpha = H/L$；H 为量块组尺寸，由被测角度的公称角度算得。根据测微仪在两端的示值之差可求得被测角度的误差。正弦规一般用于测量小于 45° 的角度，在测量小于 30° 的角度时，精确度可达 3″～5″。

图 2-23　正弦规

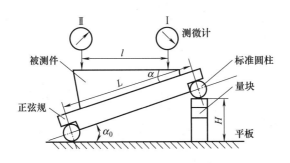

图 2-24　正弦规的测量

第五节　测量工具的保养

量具保养得好坏直接影响它的使用寿命和测量精度，因此必须做到以下几点：

① 使用前必须用绒布将其擦干净。

② 不能用精密量具去测量毛坯或运动着的工件。

③ 测量时不能用力过猛、过大，也不能测量温度较高的工件。

④ 不能把量具乱扔、乱放，更不能将其当做工具使用。

⑤ 不能用脏油清洗量具，更不能注入脏油。

⑥ 量具使用完后，应将其擦干净后涂油并放入专用的量具盒内。

思考与练习

1. 钳工常用的量具有哪几种？分别用什么量具来检测什么工件？

2. 简述游标卡尺和千分尺的读数原理，他们的精度分别是多少？如何正确选用这两种量具？

3. 在游标卡尺上调整出下列读数：26.28mm、89.78mm、14.52mm。

4. 在千分尺上调整出下列读数：27.99mm、21.03mm。

5. 试述百分表的读数方法。

6. 试述分度值为 $2'$ 的万能角度尺的刻线原理，并在其上调整出 $29°4'$。

项 目 考 核

常用量具和量仪的使用

工作任务	测量工件
工作任务 描　　述	通过测量零件 1 的尺寸,训练学生掌握游标卡尺、千分尺、万能角度尺、块规、R 规、百分表等量具和量仪的正确使用方法和读数方法;通过测量零件 2 的尺寸,训练学生正确使用千分尺、刀口直尺、塞尺等量具和量仪的能力。通过学生的检测结果,分析产生测量误差的原因,评定学生的合理选用量具和量仪的能力以及使用是否规范 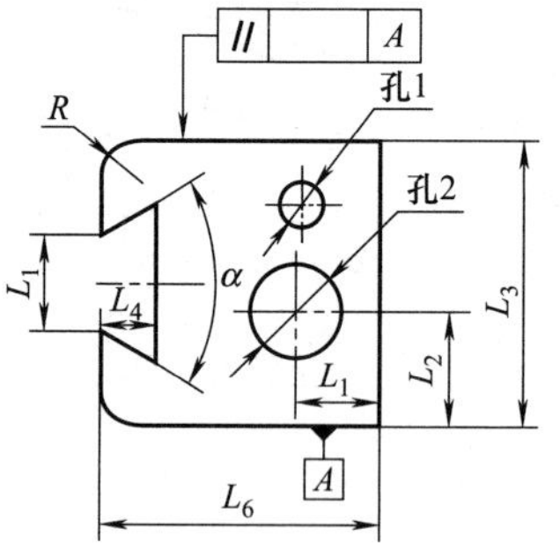 零件1 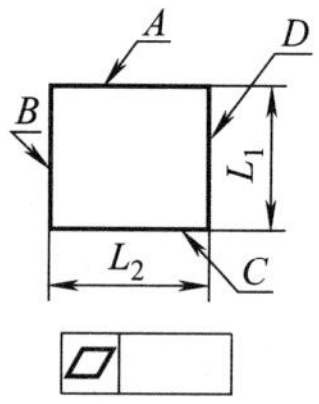　　　　　　　　　　零件2
使用量具	游标卡尺、钢直尺、千分尺、刀口尺、百分表、千分表、块规、R 规、正弦规、角尺或万能角尺、塞尺、塞规、水平仪
学习目标	技能点: ①能正确使用直尺、游标卡尺、千分尺、卡钳等测量工具 ②能正确使用万能角度尺 ③能正确使用直角尺、刀口形直尺、塞尺、螺纹样板、半径样板、卡规与塞规等样板类量具和量仪 ④能正确使用水平仪、百分表等精密量具和量仪 知识点: ①了解钳工常用量具和量仪的功能 ②掌握钳工常用量具和量仪的使用方法 ③了解钳工常用量具和量仪的保养与维护方法

【项目评价表】

项目:常用量具和量仪的使用		班级			
工作任务:测量工件		姓名		学号	

项目过程评价(100 分)

序号	项目及技术要求	评分标准	分值	成绩
1	能正确使用钢直尺及卡规	发现一次不正确扣 2 分	5	
2	钢直尺及卡规测量读数正确	每错一次扣 3 分	5	
3	正确使用游标卡尺	发现一处不正确扣 2 分	5	
4	能正确读出游标卡尺的读数	每错一次扣 3 分	10	
5	正确使用千分尺	发现一次不正确扣 2 分	5	
6	能正确读出千分尺读数	每错一次扣 3 分	10	
7	正确使用万能角度尺	发现一次不正确扣 2 分	5	
8	能正确读出角度尺读数	每错一次扣 3 分	10	
9	能正确使用正弦规	发现一次不正确扣 2 分	6	
10	量块取用正确	发现一次不正确扣 2 分	6	
11	能正确安装并使用百分表	发现一次不正确扣 2 分	6	
12	能正确读出百分表的读数	出现偏差不得分	6	
13	能正确计算锥度	出现偏差不得分	6	
14	文明生产与安全生产	违者扣 5 分	5	
15	正确摆放工具、量具	杂乱堆放,发现一次扣 3 分	10	
总评		得分		
		教师签字:		年　月　日

第三章

模具零件的划线

第一节　模具零件的划线方法

一、划线的概念及作用

（一）划线的概念

根据图纸或实物的尺寸，用划线工具准确地在工件表面上（毛坯表面或已加工表面）划出加工界线的操作叫划线。

划线有平面划线与立体划线之分，只需在一个平面上划线就能明确显示出工件的加工界线，叫做平面划线，如图 3-1（a）所示；要同时在工件上几个不同方向的表面上划线才能明确显示出加工界线，叫立体划线，如图 3-1（b）所示。

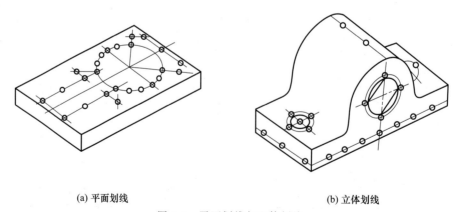

(a) 平面划线　　　　　　　　　　(b) 立体划线

图 3-1　平面划线与立体划线

（二）划线的作用

① 确定工件上各型面的加工位置和加工余量；

② 全面检查毛坯的形状和尺寸，确定是否符合图纸并满足加工要求；

③ 在毛坯上出现某些缺陷的情况下，通过划线借料的方法来适当分配各型面的加工余量，达到可能的补救，减少报废件。

二、划线工具与划线基准

（一）划线工具

① 钢尺：用来量取尺寸、测量工件，有卷尺、直尺、角尺之分，其规格和使用方法见第一章。

② 划针：用来划线。划针通常用碳素工具钢制成，直径为 3～5mm，长为 200～300mm，有单尖、双尖两种。尖角为 15°～20°，如图 3-2 （a） 所示，尖角端部约 20mm 左右的长度上，经淬火处理使之硬化，确保划针尖角处不易磨损、变钝。由于碳素钢划针在使用中不耐磨，因此在实际工作中经常用弹簧钢丝或高速钢丝制成划针，或在碳素钢端部钎焊上硬质合金后再磨成划针，在使用中效果很好，如图 3-2 （b） 所示。用划针划线，必须有导向工具辅助。使用划针时，尖端紧靠在导向工具上，上部向外侧倾斜 15°～20°，向划针移动的方向倾斜 45°～75°，如图 3-2 （c） 所示。

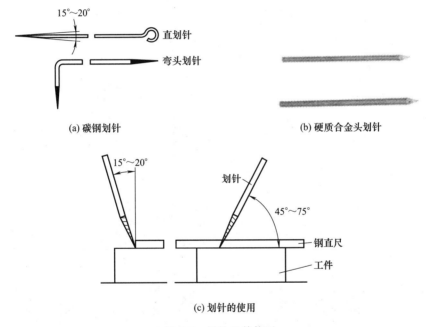

图 3-2　划针及其使用

③ 划线盘：又叫划针盘，由盘座、盘柱、夹头和划针四部分组成，它是在工件上划线和校正工件位置常用的工具，如图 3-3 所示。

④ 样冲（又名中心冲）：在划出的线条上作冲眼记号，加强界限标记（称检验样冲眼）和作圆弧或钻孔定中心（称中心样冲眼），如图 3-4 所示。

⑤ 圆规（又名划规、距叉或活动分规）：用于划圆、求圆心、作角度、等分线段和量取尺寸等，如图 3-5 所示。

划直径超过 500mm 的圆及量取大尺寸时，可用特制的大尺寸圆规（也叫地规），如图 3-6 所示，它由一根圆管和装有划针的两个套管组成，套管可在圆管上移动，来调节划针间的距离，其中一个套管还可以装上微量调节。划圆时，一只手稳住插入圆心的针脚尖，一只手将大尺圆规另一针脚尖压在工件上并向前进方向稍倾斜划圆。

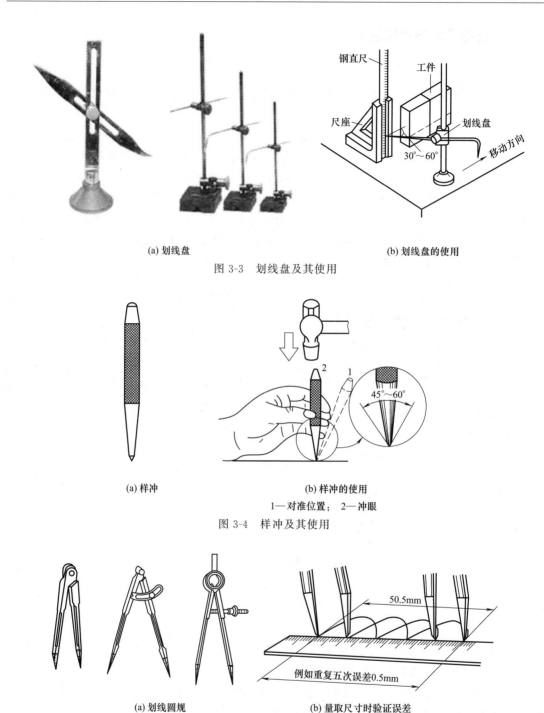

(a) 划线盘　　　　　　　　　　　　　　(b) 划线盘的使用

图 3-3　划线盘及其使用

(a) 样冲　　　　　　　　　　　　　(b) 样冲的使用

1—对准位置；　2—冲眼

图 3-4　样冲及其使用

(a) 划线圆规　　　　　　　　　　(b) 量取尺寸时验证误差

图 3-5　划线圆规及应用举例

⑥ 高度游标划线尺：由高度尺和划针盘组成，根据游标卡尺刻线原理来确定高度尺寸；它的划线脚可用来划线，精度一般为 0.02mm，工件上的平行线可用高度尺直接划出；每次使用完后，高度游标划线尺要擦拭干净，如图 3-7、图 3-8 所示。

⑦ 角尺：角尺是钳工常用测量工具，划线时可用于作垂直线或平行线，也可用来找正与平台的垂直位置，如图 2-14 所示。直尺和角尺的质量，对划线质量有着直接的影响，使

用中应注意维护，防止摔碰、变形及生锈。

⑧ V 形铁：主要用来安放圆形工件，以便用高度游标尺划出中心线和其他线，如图 3-9 所示。

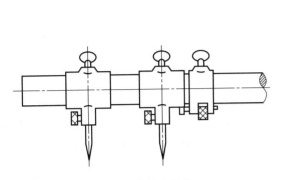

图 3-6　大尺寸圆规

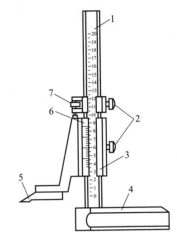

图 3-7　高度游标尺

1—主尺；2—紧固螺钉；3—尺框；4—基座；
5—量爪；6—游标；7—微动装置

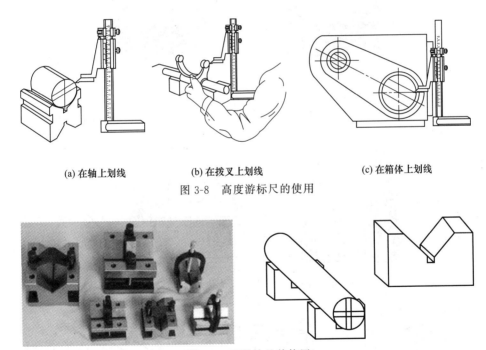

(a) 在轴上划线　　　(b) 在拨叉上划线　　　(c) 在箱体上划线

图 3-8　高度游标尺的使用

图 3-9　V 形铁及其使用

⑨ 划线平台：又称划线平板，用来安放工件和划线工具，如图 3-10 所示。它是由铸铁制造，经时效处理、机械加工和刮削而成的。平板的工作表面要求平直、光滑，是划线的基准平面。平板应平稳放置，保持水平，工作表面经常保持清洁，使用部位要均匀，避免局部磨损。在平板上不允许做任何的锤击工作。

⑩ 方箱：划线方箱是用铸铁制成的空心箱体，相邻平面互相垂直，相对平面互相平行，

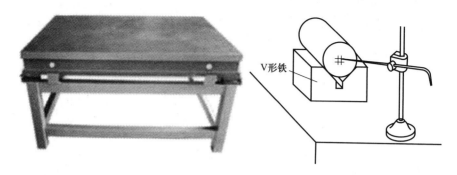

(a) 划线平台   (b) 划线平台的使用(找中心)

图 3-10 划线平台及其使用

在方箱的一个面上设有夹紧装置，如图 3-11 所示。工作时，依靠夹紧装置将小型工件压紧在方箱上，通过翻转方箱，便可把工件上互相垂直的线在一次安装中全部划出来。

图 3-11 方箱

⑪ 其他划线工具有千斤顶（图 3-12）、角铁（图 3-13）、垫铁（图 3-14）等。

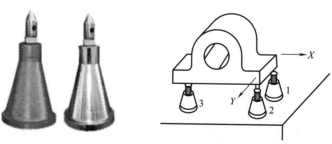

图 3-12 千斤顶及其使用

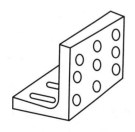

图 3-13 角铁及其使用

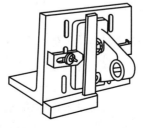

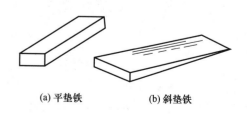

(a) 平垫铁   (b) 斜垫铁

图 3-14 垫铁

（二）划线基准

划线时用来确定某一方向上定位尺寸的起始点（点、线、面）叫划线基准。一般划线基准与设计基准应一致。常选用重要孔的中心线为划线基准，或选用零件上尺寸标注基准线为划线基准。若工件上个别平面已加工过，则以加工过的平面为划线基准。常见的划线基准有三种类型：

① 以两个相互垂直的平面（或线）为基准；

② 以一个平面与对称平面（或线）为基准；

③ 以两个互相垂直的中心平面（或线）为基准。

第二节　模具零件划线的注意事项

一、划线方法

（一）平面划线

只需要在工件的一个表面上划线后就能明确表示加工界线的划线，称为平面划线。其方法与机械制图相似，在工件的表面上按图纸要求划出点和线，如图 3-15 所示。

（二）立体划线

需要同时在工件的几个互成不同角度（通常是互相垂直）的表面上划线才能明确表示加工界线的划线，称为立体划线。如图 3-16 所示为轴承座的立体划线方法和划线步骤。划线要求线条清晰、尺寸准确，

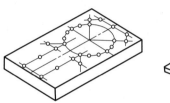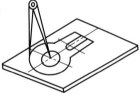

图 3-15　平面划线

划线错误将会导致工件报废。由于划出的线条有一定宽度，划线误差为 0.25～0.5mm，因此，通常不能以划线来确定最后尺寸，需在加工过程中依靠测量来控制零件的尺寸精度。

二、划线的注意事项

① 对照图纸，检查毛坯及半成品尺寸和质量，剔除不合格件，并了解工件上需要划线的部位和后续加工的工艺。

② 毛坯在划线前要去残留型砂及氧化皮、毛刺、飞边等。

③ 确定划线基准，如以孔为基准，则用木块或铅块堵孔，以便找出孔的中心。确定基准时，尽量考虑让划线基准与设计基准一致。

④ 划线表面涂上一层薄而均匀的涂料。毛坯用石灰水，已加工表面用紫色涂料（龙胆紫加虫胶和酒精）或绿色涂料（孔雀绿加虫胶和酒精）。

⑤ 选用合适的工具和放妥工件位置，并尽可能在一次支撑中把需要划的平行线划全。工件支撑要牢固。

⑥ 划完后检查一遍不要有疏漏。

⑦ 在所有划线条上打上样冲眼。

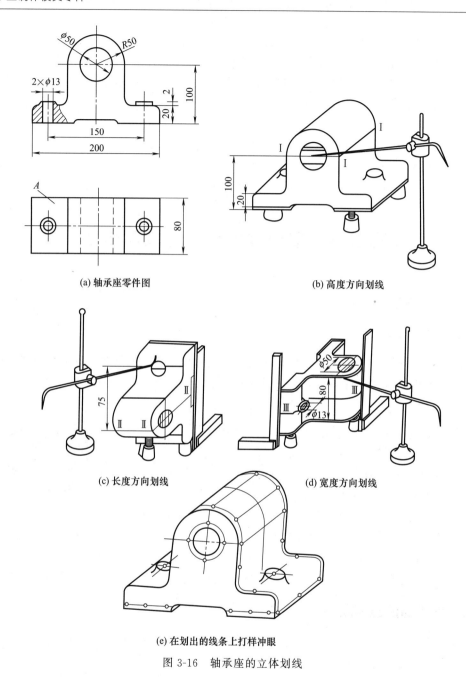

(a) 轴承座零件图

(b) 高度方向划线

(c) 长度方向划线

(d) 宽度方向划线

(e) 在划出的线条上打样冲眼

图 3-16   轴承座的立体划线

思考与练习

1. 什么叫划线？划线分哪几种？划线的主要作用有哪些？

2. 什么叫划线基准？怎样选择划线基准？

3. 模具零件划线应注意哪些事项？

4. 利用所学知识在厚 6mm 的钢板上以 ϕ40mm 外接圆划五角星。在长 100mm、ϕ40mm 的圆钢的两端面上划出对称的正六边形。

项目考核

常用划线工具的使用

工作任务	平面划线与立体划线
工作任务描述	通过如下图所示零件(其毛坯尺寸为长×高×厚＝70mm×115mm×20mm,完工后的尺寸为60mm×100mm×10mm)的划线,训练学生正确使用划线工具在工件单一表面划线(平面划线)、在工件两面划出对称的形状(立体划线),体会划线基准的选择与划线操作过程 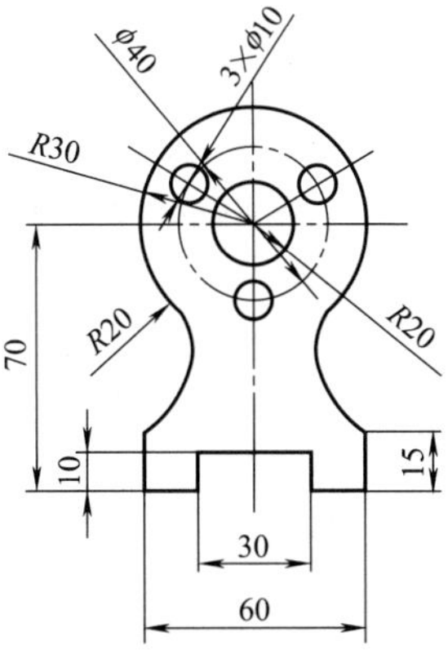 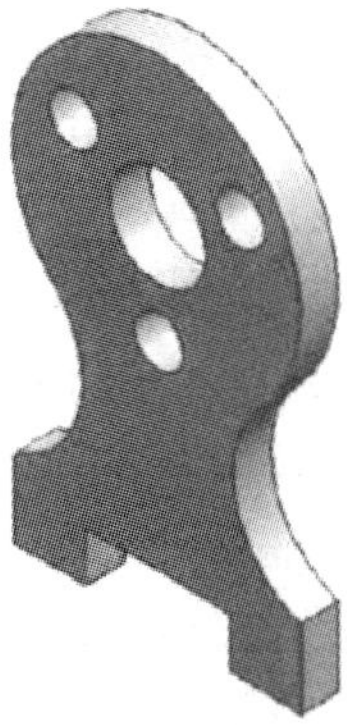
使用工具	划线平台、划线高度游标尺(或划线盘)、划针、样冲、手锤、钢直尺、划线圆规等
学习目标	技能点： ①能正确使用划线工具 ②能根据划线基准选择原则准确选定划线基准 ③能熟练完成划线前的各项准备工作 ④能根据需要对划线表面(毛坯表面或已加工表面)进行涂色处理 ⑤能进行平面划线与立体划线操作 知识点： ①掌握划线的概念及划线的作用 ②了解如何选择划线基准、显色涂料 ③掌握划线注意事项

【项目评价表】

项目:常用划线工具的使用		班级			
工作任务:平面划线与立体划线		姓名		学号	

项目过程评价(100 分)

序号	项目及技术要求	评分标准	分值	成绩
1	能正确使用划线工具	发现一次不正确扣 2 分	10	
2	能正确使用划线量具	发现一次不正确扣 2 分	10	
3	正确维护划线工、量具	不正确或不维护扣 2 分	10	
4	文明生产与安全生产	违者扣 5 分	5	
5	正确摆放工具、量具	杂乱堆放,发现一次扣 2 分	10	
6	划线质量:尺寸符合要求	错误一处扣 4 分	40	
7	划线质量:线条清晰	线条不清晰,一处扣 2 分	10	
8	划线质量:样冲眼深浅适中	深浅不一、太深或太浅,一处扣 1 分	5	
9				
10				
11				
12				
13				
14				
总评		得分		
		教师签字:		年 月 日

第 四 章

模具零件的錾削加工

第一节 錾削工具及其使用方法

錾削是使用手锤锤击錾子端部对金属进行的切削加工，主要用于不便于机械加工的零件和部件的粗加工，如板料粗分割、小平面加工、开油槽等。小型工件的錾削一般在台虎钳上进行，大型工件錾削加工可以就地进行。錾削工具及其使用方法如下。

一、錾子

錾子常用碳素工具钢、合金工具钢（或弹簧钢）锻制而成，刃部经热处理后淬硬（或钎焊硬质合金）。常用的錾子有扁錾、窄錾、油槽錾三种，如图 4-1 所示。

扁錾（或称阔錾）用于錾断金属材料、錾切平面和去除毛刺；窄錾（或称狭錾）用于开槽；油槽錾用于錾切润滑油槽。

錾子的柄部一般做成八棱形，便于控制握錾方向。头部做成圆锥球面，使锤击时的作用方向便于朝着刃口的錾切方向。錾子的粗细视需要而定，长度一般为 150mm～200mm。

錾子的握法，有正握法与反握法之分。正握法：手心向下，腕部伸直，用中指、无名指卷曲握住錾子，小指自然合拢，食指和大拇指作自然伸直地松靠，錾子头部伸出约 20mm，见图 4-2（a）。反握法：手心向上，手指自然捏住錾子，手掌悬空，见图 4-2（b）。

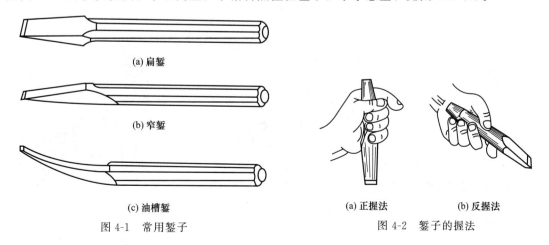

(a) 扁錾

(b) 窄錾

(c) 油槽錾

图 4-1 常用錾子

(a) 正握法   (b) 反握法

图 4-2 錾子的握法

二、手锤

手锤（图 1-12）是钳工最常用的敲击工具。

1. 手锤的握法

手锤的握法通常有紧握法和松握法两种。紧握法：整个动作过程五指始终紧握木柄，如图 4-3（a）所示。松握法：在操作过程中只用大拇指和食指始终紧握锤柄，在挥锤时，小指、无名指和中指依次放松；而在锤击时，又以相反的秩序收拢握紧。松握法的特点是锤击力度大，手不易疲劳，是最常用的握锤方法，如图 4-3（b）所示。

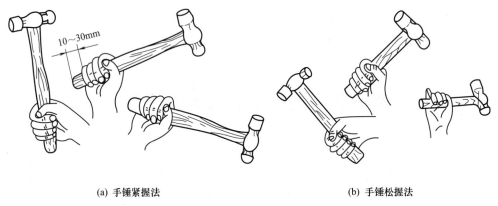

(a) 手锤紧握法　　　　　　　　　　　　　　(b) 手锤松握法

图 4-3　手锤的握法

2. 站立姿势

錾削操作时站位如图 4-4 所示。身体与台钳中心线约成 45°并略前倾，左脚跨前半步，膝盖处稍弯曲，右脚自然站稳伸直，身体的重心在右脚。

3. 挥锤方法

如图 4-5 所示，錾削操作时挥锤方法通常有腕挥法、肘挥法和臂挥法三种。腕挥法动作幅度和力度均较小；肘挥法动作幅度和力度较大，应用最多；臂挥法动作幅度和力度最大。

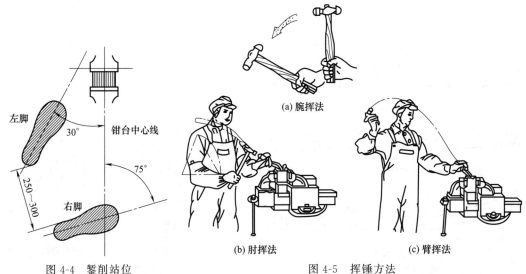

图 4-4　錾削站位　　　　　　　　　　　图 4-5　挥锤方法

4. 锤击速度

錾削锤击要求稳、准、狠，其动作要一下一下有节奏地进行，一般臂挥、肘挥法的锤击速度为 30～40 次/min，腕挥法的锤击速度约为 50 次/min。

第二节 錾子的热处理和刃磨

一、錾子的热处理

錾子的热处理，主要是指錾子的淬火与回火处理。錾子的热处理的方法和要求见图 4-6。用工具钢制作的錾子，淬火时可把錾口端部约 20mm 处加热到 750～780℃（呈樱红色），然后迅速取出，垂直地放入冷水中冷却，浸入深度为 5～6mm 并沿水面缓慢移动；当錾口露出水面的部分呈黑色时，即由水中取出，迅速擦去氧化皮，观察錾口颜色的变化，当呈紫色（阔錾）或褐红色（窄錾）时，把整把錾子放入水中彻底冷却。

二、錾子刃磨

錾子楔角大小由錾削材料的软硬程度来决定。錾削软金属，楔角为 30°～50°；錾削中等硬度的材料，楔角为 50°～60°；錾削硬度高的材料，楔角为 60°～70°。錾子的刃磨方法如图 4-7 所示。

图 4-6 錾子淬火

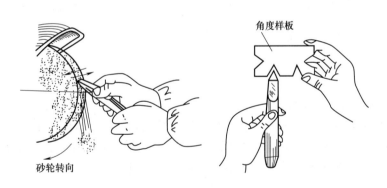

图 4-7 錾子的刃磨方法

双手握持錾子，刃口向上，切削刃高于砂轮的水平中心线，先使錾子刃面自然轻柔地贴于砂轮面后再施加适当压力在砂轮的全宽上作均匀、平衡的移动，控制好錾子的位置及角度，经常用角度样板测量，保证磨出錾子预定的楔角。同时要注意压力及磨削量不宜过大，经常蘸水冷却，以防止錾口被磨热而降低硬度。

刃磨錾子时除严格遵守砂轮机使用注意事项外，还须注意：

① 为了避免铁屑飞溅伤害眼睛，刃磨时应戴好防护眼镜。

② 用砂轮搁架时，搁架与砂轮之间的距离应在 3mm 以内，并且安装牢固才能使用。如果搁架与砂轮之间距离过大，易使錾子陷入砂轮与搁架缝隙，造成卡死事故。

第三节 模具零件的錾削

一、錾削阶段及操作要求

錾削分为起錾、錾削和錾出 3 个阶段。起錾时要稳握錾子，由大拇指内侧与无名指形成使錾子刃口贴于工件的扭矩。轻力锤击錾子，以便切入。錾削时要掌握切削角度，后角一般为 5°～8°，锤击力均匀，锤击数次后，将錾子退出，一是观察加工表面情况，二是利于錾子散热和手臂得到有节奏的放松。当錾削至平面尽头约 15mm 时将錾子调头往回錾，以防錾塌或崩裂损坏。

二、各种材料的錾削

1. 薄板料錾削

厚度在 2mm 左右的薄板料錾切可在台虎钳上进行，见图 4-8。

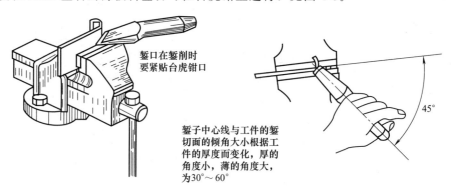

錾口在錾削时要紧贴台虎钳口

錾子中心线与工件的錾切面的倾角大小根据工件的厚度而变化，厚的角度小，薄的角度大，为30°～60°

45°

图 4-8 薄板料的錾削

2. 大板料的錾切

当板料较厚或较大不能放在台虎钳上錾削时，可把板料置于铁砧或平板上，下面垫上软衬铁进行錾削，錾削方法见图 4-9（a）。如果需按工件的轮廓錾削，则可按划线痕迹錾削，也可以按划线先钻一排密集的孔然后再錾断，见图 4-9（b）。

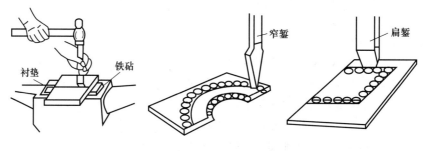

衬垫　铁砧　　　　　　窄錾　　　　　扁錾

(a) 下面垫上软衬铁錾削　　　　　(b) 按工件的轮廓錾削

图 4-9 大板料的錾切

3. 油槽錾削

油槽錾削要求光滑而深浅一致，粗细均匀，錾平面油槽起錾时应慢慢加深到尺寸要求，之后按窄錾一样錾削，錾到尽头刀口，錾口要逐渐翘起，以保证槽底圆滑过渡，见图 4-10（a）。在曲面上錾油槽，錾子的倾斜角度应随曲面而变化，以保证油槽圆滑过渡，油槽錾好后要修去槽边的毛刺，见图 4-10（b）。

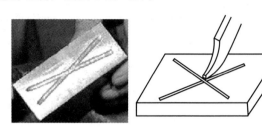

(a) 在平面上錾油槽

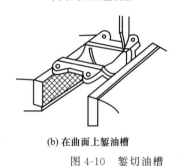

(b) 在曲面上錾油槽

图 4-10　錾切油槽

三、錾削加工的安全注意事项

① 錾削加工前，应检查锤子以及木柄是否有裂纹，手柄是否有松动；锤柄不得蘸油。检查錾口是否有裂纹；錾子上不能有毛刺；錾子头部有卷边时应及时打磨掉，避免飞出伤人。

② 工件装夹应牢固、稳当。

③ 錾削操作时不得戴手套，以防握持錾削工具时滑脱。

④ 錾子应保持锋利；錾削临近工件边缘时要减小力度，以免用力过猛伤手。

⑤ 錾削脆性材料至边缘处时；应从反方向回錾，以防崩边。

⑥ 为防止錾削碎屑飞出伤人，钳台上应安装安全防护网；同时操作者最好戴上防护眼镜。

思考与练习

1. 常用錾子有哪几种？应如何正确握持錾子？刃磨錾子时应如何操作？

2. 手锤有哪几种规格？应如何正确握持手锤？

3. 如何进行錾子的淬火处理？

4. 錾削加工时应注意哪些安全事项？

5. 请在 $\phi40mm$ 的轴上錾削加工一 A 型键键槽，键槽长 $L=40mm$，宽 $b=12mm$，深 $t=5mm$。

项 目 考 核

零件的錾削加工	
工作任务	在轴上錾削加工键槽
工作任务描述	用錾削加工的方法在 $\phi40\text{mm}$ 的轴上加工出一个 B 型键键槽(键槽长 $L=40\text{mm}$,宽 $b=12\text{mm}$,深 $t=5\text{mm}$),通过划线、钻孔、錾削,使学生掌握錾削工具的使用,体会錾削加工操作过程。通过对键槽的尺寸测量,使学生体会测量方法与基准的选择
使用工具	錾子、手锤、高度游标尺、深度游标卡尺、150mm 钢直尺、样冲、划线圆规等
学习目标	技能点: ①能正确使用錾削工具对工件进行錾削加工并符合质量要求 ②能正确维护和保养錾削工具 ③能正确刃磨錾子 ④能对錾子进行热处理 ⑤能遵守錾削加工安全操作规程 知识点: ①掌握錾子的刃磨方法与刃磨角度 ②掌握錾子的淬火方法与淬火温度判断方法 ③掌握錾削加工时的操作要领 ④掌握錾削加工时錾子的角度与力度控制方法

【项目评价表】

项目:零件的錾削加工		班级			
工作任务:在轴上錾削加工键槽		姓名		学号	

项目过程评价(100 分)

序号	项目及技术要求	评分标准	分值	成绩
1	能正确握持錾削工具	握手锤、錾子方法不正确扣 5 分	5	
2	能保持正确錾削操作姿势	站立姿势不正确扣 5 分,錾削方法不正确扣 5 分	10	
3	能正确刃磨錾子	錾子刃磨角度不正确扣 5 分, 錾子刃面不平滑或多面扣 5 分	10	
4	能保证錾削加工质量:尺寸符合要求	尺寸不符合要求,一处扣 5 分	40	
5	能保证錾削加工质量:对称度符合要求	对称度不符合要求扣 10 分	10	
6	能保证錾削加工质量:表面质量符合要求	表面质量不符合要求扣 5 分	5	
7	能对錾子进行热处理	热处理达不到要求扣 5 分	5	
8	文明生产与安全生产	违者扣 5 分	5	
9	正确摆放工具、量具	杂乱堆放,发现一次扣 5 分	10	
10				
11				
12				
13				
14				
总评	得 分			
	教师签字:　　　　　　　　　　　　　　　　　年　月　日			

第五章

模具零件的锯削加工

第一节　锯　削　工　具

一、概述

用锯把毛坯料、板料或工件分割成几部分，这种操作称作锯削。锯削的操作分为手工锯削和机械锯削两种方法，钳工操作时均为手工操作。锯削是一种切削加工，靠锯齿进行切削，其应用范围如图 5-1 所示。

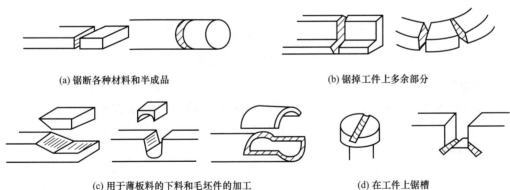

(a) 锯断各种材料和半成品　　　　　　　　　(b) 锯掉工件上多余部分

(c) 用于薄板料的下料和毛坯件的加工　　　　(d) 在工件上锯槽

图 5-1　锯削应用范围

二、锯削工具

锯削工具由锯弓和锯条组成。

（一）锯弓

锯弓也叫钢锯架，如图 1-13 所示，通常采用可调式锯弓。

（二）锯条

锯条是直接锯削材料和工件的刀具，一般由渗碳钢冷轧制成，也可以用碳素工具钢或合金钢制成，并经热处理淬硬使用。锯条的规格分为长度规格和粗细规格，长度规格以安装孔的中心距表示，常用锯条的长度是 300mm、宽度是 12mm 、厚度是 0.7～0.8mm；粗细规格是按照锯条每 25mm 长度内所包含的锯齿数分为粗、中、细三种。锯条的粗细规格见表 5-1。

表 5-1　锯条的粗细规格和应用

项目	每 25mm 长度内齿数	应用
粗	14～18	锯削软钢、黄铜、铝、铸铁、纯铜、人造胶质材料
中	22～24	锯削中等硬度、厚壁的钢管、铜管
细	32	薄片金属、厚壁钢管
细变中	32～20	一般工厂中用，易于起锯

1. 锯齿的切削角度

锯齿的切削角度如图 5-2 所示。锯条的切削部分由许多形状相同的锯齿组成，每个锯齿都有切削能力，常用锯齿角度为后角 40°～50°、楔角 45°～50°、前角 0°。

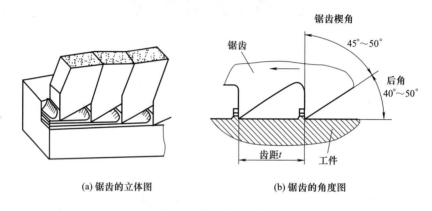

(a) 锯齿的立体图　　　　　　　(b) 锯齿的角度图

图 5-2　锯齿的切削角度

2. 锯路

在制造锯条时，将全部锯齿按一定规律左右分开，并排列成一定形状，称为锯路。锯路有交叉、波浪等不同的排列形状。锯路的作用是减少锯条与锯缝间的摩擦阻力，使锯条在锯削时不被锯缝夹住或折断。

第二节　锯削工具的使用方法

一、锯条及工件的安装

根据工件材料及厚度选择合适的锯条，安装在锯弓上。手锯向前推时进行切割，再向后返回时不起切削作用，因此安装锯条时应锯齿向前，如图 5-3 所示，否则就不能正常切削，锯条的松紧要适中。一般用两个手指的力能旋紧为止，太紧就会失去应有的弹力，锯条容易绷断；太松会使锯条扭曲，锯缝歪斜，锯条也容易绷断。手锯在使用过程中，锯条折断是造成伤害的主要原因。锯条安装好后，不能有歪曲和扭曲，否则锯削时容易折断。

在锯削工件前，把工件安装在台虎钳上，工件伸出钳口不应过长，防止切削时产生振

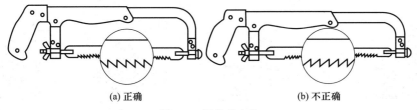

(a) 正确　　　　　　　　　(b) 不正确

图 5-3　锯条的安装

动。锯线应和钳口边缘平行，并夹在台虎钳左边，以便操作。工件要夹紧，并应防止变形和夹坏已加工表面。

二、锯削的基本姿势

1. 握锯方法

如图 5-4 所示，右手满握锯柄，左手轻扶锯弓前端，推力和压力的大小主要由右手掌握，左手压力不要太大。

2. 站立位置及姿势

锯削站立时身体正前方与锯削方向成大约 45°，右脚与锯削方向成 75°，左脚与锯削方向成 30°，如图 5-5 所示。

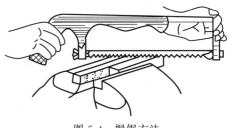

图 5-4　握锯方法

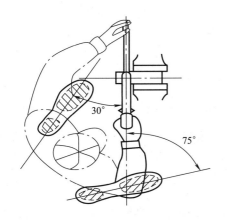

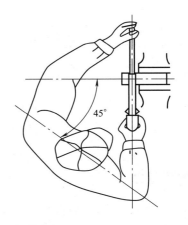

图 5-5　锯削站立位置及姿势

三、锯削的基本动作

如图 5-6 所示，锯削时双脚站立不动。推锯时，右腿保持伸直状态，身体重心慢慢转移到左腿上，左膝盖弯曲，身体随锯削行程的加大自然前倾；当锯弓推行程达锯条长度的 3/4 时，身体重心后移，慢慢回到起始状态，并带动锯弓行程至终点后回到锯削开始状态。

锯削运动有两种方式。一种是直线往复运动，适用于锯削薄壁形工件和直槽。另一种是摆动式运动，其操作要点是：推锯左手微上翘，右手下压；回锯时，右手微上翘，左手下压，形成摆动，这种操作方式两手动作自然，不易疲劳，锯削效率较高。

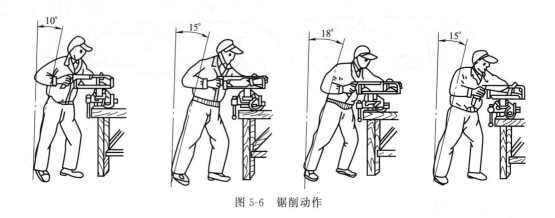

图 5-6　锯削动作

四、起锯方法

起锯是锯削的开始，起锯质量直接关系到锯削质量和尺寸误差的大小。起锯方法有两种：一种是从工件远离操作者的一端开始，如图 5-7（a）所示，称为远起锯，一般情况下采用远起锯比较好；另一种从工件靠近操作者的一端开始，如图 5-7（b）所示，称为近起锯。起锯角度一般不大于 15°，为了保证锯削顺利进行，开始锯削时用左手拇指按住锯削位置对锯条进行导靠。

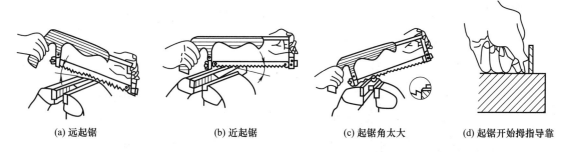

(a) 远起锯　　　　　(b) 近起锯　　　　　(c) 起锯角太大　　　(d) 起锯开始拇指导靠

图 5-7　起锯方法

五、锯削压力

锯削时，锯子推出为锯削过程，退回时不参加锯削。为避免锯齿磨损，提高工件效率，推锯时，应施加压力；回锯时，不施加压力而自然拉回。锯削硬材料时要比锯削软材料时的压力大。

六、运行速度和锯条行程

锯削速度控制在 20～40 次/min 为宜，且推锯速度比回锯速度要慢。锯削时，尽量使锯条的全长都参与锯削，至少不小于锯条长度的 2/3。

七、锯削加工中的常见问题

锯削过程中的常见问题有锯缝歪斜、锯条断裂、锯齿崩断、锯条过早磨损等，其形成原因及处理方法如表 5-2 所示。

表 5-2　锯削过程中常见问题及处理方法

损坏形式	产生原因	处理方法
锯条折断	①锯条装的过松或过紧 ②工件未夹紧,锯削时工件有松动 ③强行纠正歪斜的锯缝,或调换新锯条后仍在原锯缝处过猛地锯下 ④锯削压力过大或锯削方向突然偏离锯缝方向 ⑤锯削时锯条中间局部磨损,当拉长锯削时而被卡住引起折断 ⑥工件被锯断时没有减慢锯削速度和减少锯削用力,使手突然失去平衡而折断锯条	①锯条装夹松紧要适当 ②工件装夹牢固,锯缝靠近钳口 ③扶正锯弓,按划线锯削 ④压力适当 ⑤调换新锯条后,工件应反向装夹,重新起锯 ⑥纠正推锯动作
锯齿崩裂	①锯条选择不当,如锯薄板料、管子时用粗齿锯条 ②锯角太大或近起锯时用力过大 ③突然遇到沙眼、杂质	①选择适当的锯条 ②选择正确的起锯方法和角度 ③碰到沙眼、杂质时减小压力
锯缝歪斜	①工件安装时,锯缝线未能与铅垂线方向一致 ②锯条安装太松或相对锯弓平面扭曲 ③使用锯齿两面磨损不均的锯条 ④锯弓未扶正或用力歪斜,使锯条偏离锯缝中心平面,而斜靠在锯削断面的一侧	①重新夹持工件并找正 ②锯条装夹松紧要适当 ③更换锯条 ④摆正锯弓、用力均匀
锯条过早磨损	①锯削速度过快 ②选用锯条粗枝大叶	①切削速度应适中 ②根据不同的锯削材料选用合适的锯条

八、锯削加工的注意事项

① 应根据加工材料的硬度和厚度正确选用锯条;锯条安装的松紧要适度,根据手感要随时调整。

② 锯割前,最好在锯削的路线上划线,锯削的时候以划好的线作参考,贴着线下锯,但不能把参考线锯掉。

③ 被锯削的工件要夹紧,锯削时不能有位移和震动;锯削线离工件支撑点要近。

④ 锯削时要扶正锯弓,防止歪斜,起锯要平稳,起锯角不应超过 15°,角度过大时,锯齿易被工件卡夹。

⑤ 锯削时,向前推锯时双手要适当地用力;向后退锯时,应将手锯稍微抬起,不要施加压力。用力的大小应根据被切工件的硬度来确定,硬度大的可加力大些,硬度小的可加力小些。

⑥ 安装或调换新锯条时,必须注意保证锯条的齿尖方向要朝前;锯削中途调换新条后,应掉头锯削,不宜继续沿原锯口锯削;当工件快被锯断时,应用手扶住,以免工件下落伤脚。

思考与练习

1. 什么是锯条的锯路?它的作用是什么?

2. 选择锯齿的粗细主要应考虑哪些因素?为什么?

3. 安装锯条时应该注意哪些问题?

4. 锯削工件时,工件应该怎样在虎钳上安装?

5. 起锯的方法有哪些?起锯角一般不应大于多少度?

6. 锯条折断的原因有哪些?可以采取怎样的措施?

7. 锯缝歪斜的原因有哪些?可以采取怎样的措施?

8. 锯条过早磨损的原因有哪些?可以采取怎样的措施?

9. 锯削加工有哪些注意事项?

项目考核

锯削工具及锯削加工	
工作任务	锯削工件
工作任务 描　　述	如下图所示，用锯削方法进行加工，在锯削加工的过程中使学生掌握锯条、工件的安装方法，能够保持正确的握锯及锯削姿势，并根据锯削工件加工质量来分析误差产生的原因；并判断学生的锯削能力。加工毛坯件尺寸为 100mm×90mm×10mm，精度为 1mm 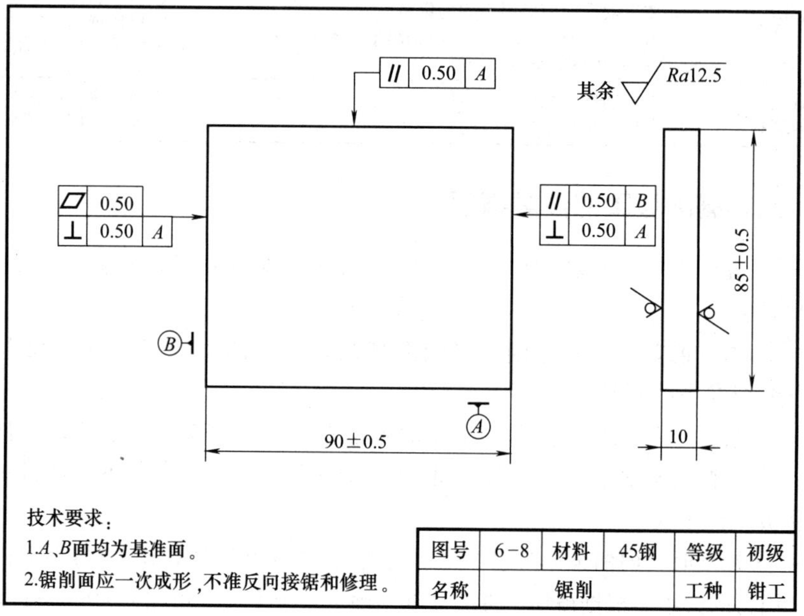0.50 A 其余 Ra12.5 0.50 0.50 A 0.50 B 0.50 A 85±0.5 B A 90±0.5 10 技术要求： 1.A、B面均为基准面。 2.锯削面应一次成形，不准反向接锯和修理。 图号 6-8 材料 45钢 等级 初级 名称 锯削 工种 钳工
使用工具	锯弓、锯条、划针、钢尺、90°直角尺、游标卡尺、刀口尺、毛刷
学习目标	技能点： ①能够在锯削时保持正确的锯削姿势 ②能够保持合理的锯削速度、锯削压力 ③能够在锯削加工工件时达到一定的锯削精度 知识点： ①了解锯削原理、锯削应用范围 ②掌握锯削工具的选用、使用方法 ③了解锯削过程中遇到的常见问题及处理方法 ④了解锯削过程中应注意的事项

【项目评价表】

项目:锯削工具及锯削加工		班级			
工作任务:锯削工件		姓名		学号	

项目过程评价(100分)

序号	项目及技术要求	评分标准	分值	成绩
1	基本要求	①锯削姿势正确,锯削速度合理 ②工件装夹正确,合理牢固;锯条使用正确	5	
		安全文明生产(按有关操作规程)	5	
2	90mm±0.5mm	每超差 0.05mm 扣 3 分	20	
3	85mm±0.5mm	每超差 0.05mm 扣 3 分	20	
4	平行度误差 0.5mm(2 处)	每超差 0.05mm 扣 3 分	10	
5	垂直度误差 0.5mm(2 处)	每超差 0.05mm 扣 3 分	10	
6	平面度误差 0.5mm(4 处)	每超差 0.05mm 扣 3 分	20	
7	表面粗糙度:$Ra12.5\mu m$	升高一级不得分	10	
工件完成所需时间		90min		
总评		得分		
		教师签字:	年　月　日	

第六章

模具零件的锉削加工

第一节 锉削工具

一、概述

锉削是用锉刀对工件表面进行切削加工，使其尺寸、形状、位置和表面粗糙度等都达到要求的加工方法。锉削是钳工最基本的操作，是工件表面加工方法之一，它可以加工工件的内外平面、内外曲面、内外角、沟槽和各种复杂形状的表面，配合过程中也经常利用锉削对零件进行修整，锉削尺寸精度可达 $0.01\mathrm{mm}$，表面粗糙度值最小可达 $Ra0.8\mu\mathrm{m}$ 左右。

二、锉削工具

锉刀是锉削刀具，一般用高碳工具钢 T12A、T13A 或 T12、T13 制成，并经热处理淬硬，其硬度应为 62～67HRC。

（一）锉刀

1. 锉刀的构造

锉刀的构造如图 6-1 所示，锉刀由锉身和锉柄两部分组成。锉刀面是锉削的主要工作面，其前端做成凸弧形，上下面都有锉齿，便于进行锉削。锉刀的两个侧面有的没有齿，有的一边有齿，没有齿的一边称为光边，它可以保证锉削内直角的一个面时不伤及邻面。

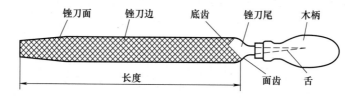

图 6-1 锉刀的构造

2. 锉齿和锉纹

锉刀有锉齿和锉纹，锉削时每一个锉齿相当于一把錾子，对金属进行切削。锉纹是锉齿排列的图案，有单锉纹和双锉纹两种，如图 6-2 所示，单锉纹是指锉刀上只有一个方向的锉纹，由于全齿宽同时参与锉削，需要较大的切削力，因而适用于软材料的锉削。双锉纹是指锉刀上有两个方向排列的锉纹，这样形成的锉齿沿锉刀中心线方向形成倾斜有规律的排列。锉削时，每个齿的锉痕交错而不重叠，锉面比较光滑，锉削时切屑是碎断的，比较省力，锉齿强度也高，适用于锉削硬质材料。

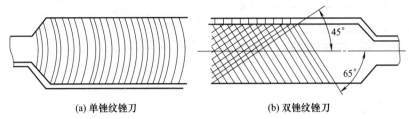

(a) 单锉纹锉刀　　　　　　　(b) 双锉纹锉刀

图 6-2　锉刀的锉纹

（二）锉刀的种类

锉刀可分为钳工锉、异形锉和整形锉三类，钳工常用的是钳工锉。

1. 钳工锉

钳工锉按照其断面的形状可分为齐头扁锉、半圆锉、三角锉、方锉和圆锉，以适应各种表面的锉削，常用钳工锉刀的截面形状如图 6-3 所示。

图 6-3　常用钳工锉刀形状

2. 异形锉

异形锉是用来加工零件上的特殊表面用的，有弯的和直的两种。按其断面形状不同，又可分为刀形锉、菱形锉、扁三角锉、椭圆锉、圆肚锉等，如图 6-4 所示。

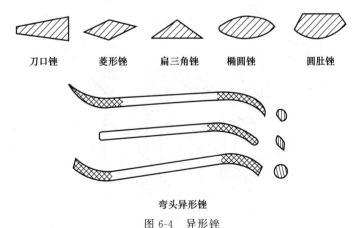

刀口锉　　　菱形锉　　　扁三角锉　　　椭圆锉　　　圆肚锉

弯头异形锉

图 6-4　异形锉

3. 整形锉

整形锉用于修整工件上的细小部位，也叫什锦锉或组锉，由许多各种形状和断面的锉刀组成一套。它可由 5 把、6 把、8 把、10 把或 12 把不同断面形状的锉刀组成一组（套），如图 6-5 所示。

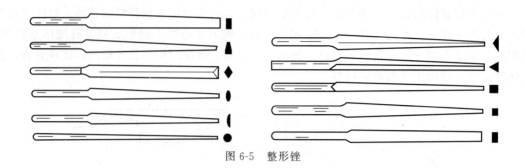

图 6-5　整形锉

三、锉刀的选用

　　每种锉刀都有一定的用途，如果选择不当，就不能充分发挥它的作用，甚至会令其过早丧失切削能力。因此锉削前必须根据加工情况合理选用锉刀。

　　① 锉刀断面形状的选择，取决于锉削工件表面形状，如图 6-6 所示，1、2 是锉平面；3、4 是锉燕尾和三角孔；5、6 是锉曲面；7 是锉楔角；8 是锉内角；9 是锉菱角；10 是锉三角形；11 是锉圆孔。

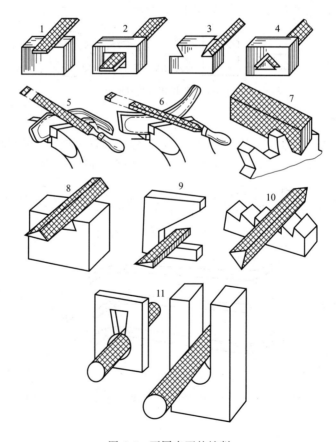

图 6-6　不同表面的锉削

　　② 锉纹粗细规格，以锉刀每 10mm 轴向长内主锉纹的条数表示，如表 6-1 所示。锉刀齿纹规格选用如表 6-2 所示。

表 6-1　锉刀的粗细规格

长度规格/mm	主锉纹条数(10mm 内)				
	锉纹号				
	1	2	3	4	5
100	14	20	28	40	56
125	12	18	25	36	50
150	11	16	22	32	45
200	10	14	20	28	40
250	9	12	18	25	36
300	8	11	16	22	32
350	7	10	14	20	
400	6	9	12		
450	5.5	8	11		

表 6-2　各种锉刀能达到的加工精度和使用场合

锉刀	适用场合		
	加工余量/mm	尺寸精度/mm	表面粗糙度 $Ra/\mu m$
粗锉	0.5～1	0.2～0.5	100～25
中锉	0.2～0.5	0.05～0.2	12.5～6.3
细锉刀	0.05～0.2	0.01～0.05	12.5～3.2
油光锉	适用于最后修光表面		

第二节　锉削方法

一、锉刀的握法

锉刀的握法，应根据锉刀的大小及使用情况有所不同，使用锉刀时，一般用右手紧握住木柄，左手握住锉身的头部或前部。

1. 大锉（长度大于 250mm）的握法

右手紧握木柄，柄端顶住手掌心，大拇指放在木柄上部，其余四指环握木柄下部，如图 6-7（a）所示；左手的基本握法有三种，如图 6-7（b）所示；两手结合起来握锉姿势如图 6-7（c）所示。

2. 中型锉（长度在 200mm 左右）的握法

右手与上述大锉握法相同；左手用大拇指、食指（也可加中指）握住锉刀头部，不必像使用大锉那样用很大的力，如图 6-7（d）所示。

3. 小型锉（长度在 150mm 左右）的握法

右手食指靠住锉边，拇指与其余手指握住木柄；左手的食指和中指（也可加无名指和小拇指）轻按在锉刀面上，如图 6-7（e）所示。

4. 整形锉的握法

一般只用右手拿锉刀，将食指放在锉刀面上，大拇指伸直，其余手指自然合拢握住锉刀柄即可，如图 6-7（f）所示。

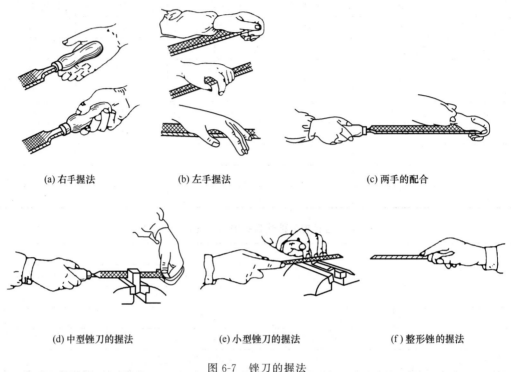

(a) 右手握法　　　　　　　(b) 左手握法　　　　　　　　　(c) 两手的配合

(d) 中型锉刀的握法　　　　　(e) 小型锉刀的握法　　　　　　(f) 整形锉的握法

图 6-7　锉刀的握法

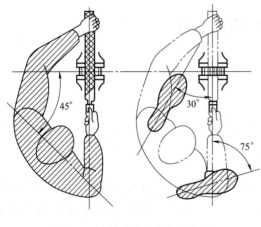

图 6-8　锉削时站立步位及姿势

二、锉削姿势

锉削姿势对一个钳工来说是十分重要的，只有姿势正确，才能做到既能提高锉削质量和锉削效率，又能减轻劳动强度。锉削时的站立步位和姿势及锉削动作如图 6-8、图 6-9 所示。两手握住锉刀放在工件上，左臂弯曲。锉削时，身体先于锉刀并与之一起向前，右脚伸直并稍向前倾，重心在左脚，左膝呈弯曲状态。当锉刀锉至约 3/4 行程时，身体停止前进，两臂则继续将锉刀向前锉到头，同时，左脚伸直重心后移，恢复原位，并将锉刀收回，然后进行第二次锉削。

三、平面锉削方法

锉削平面是锉削中最基本的操作。平面锉削有顺向锉法、交叉锉法和推锉法 3 种。

1. 顺向锉法

顺向锉法如图 6-10 所示，即顺着同一个方向对工件进行锉削，是最基本的锉削方法。用此方

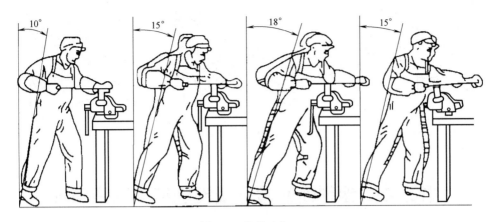

图 6-9　锉削动作

法锉削可得到正直的锉痕，比较整齐美观，适用于工件表面最后的锉光和锉削不大的平面。

2. 交叉锉法

交叉锉法是从两个交叉方向对工件进行锉削。如图 6-11 所示，锉削时锉刀与工件的接触面增大，容易掌握好锉刀的平稳，锉削时还可以从锉痕上反映出锉削面的高低情况，这样不仅锉得快，而且在工件表面的锉削面上能显示出高低不平的痕迹，故容易锉出准确的平面，所以当锉削余量较多时可先采用交叉锉法，待余量基本锉完后，再用细锉或光锉以顺锉法或推锉法修光，使锉削表面锉痕正直、美观。

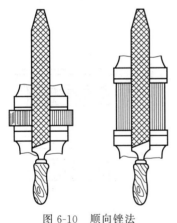

图 6-10　顺向锉法

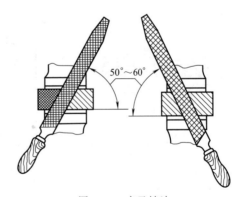

图 6-11　交叉锉法

3. 推锉法

推锉法如图 6-12 所示。推锉法是指在锉削时用双手横握锉刀的两端往复推锉进行锉削的方法。两手相对于工件握锉要对称。该法产生的锉痕与顺向锉相同，适合于锉削窄长平面和修整尺寸时应用。

四、锉削力及锉削速度

锉削时，要锉出平直的平面，两手加在锉刀上的力要保证锉刀平衡，使锉刀水平运动。右手的压力要随锉刀推动而逐渐增加，左手的压力则逐渐减小。回程时不加压力，以减少锉齿的磨损。锉削速度一般为 40 次/min，推出时稍慢，回程时稍快，动作要自然协调。

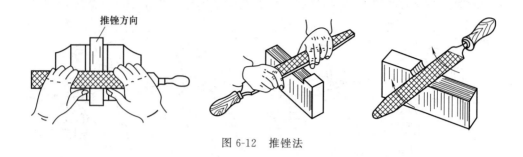

图 6-12　推锉法

第三节　锉削面的检验及锉削加工注意事项

一、锉削面的检验方法

锉削工作中，要经常用游标卡尺、千分尺测量尺寸，控制工件大小和精度，而锉削平面还要检测平面度、垂直度、粗糙度。

1. 用透光法检查平面度

平面锉好后，将工件擦净，将刀口尺垂直紧靠在工件表面，并在纵向、横向和对角线方向多次逐一测量，如图 6-13 所示。检验时，如果刀口尺与工件平面透光微弱而均匀，则该工件平面度合格；如果进光强弱不一，则说明该工件平面凸凹不平。可在刀口尺与工件紧靠处用塞尺插入，根据塞尺的厚度即可确定平面度的误差大小。

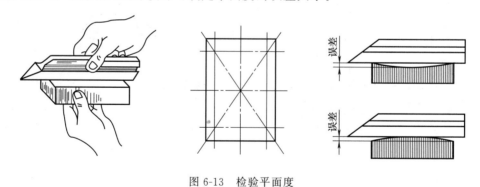

图 6-13　检验平面度

2. 用研磨法检查平面度

在平板上涂红丹，然后把锉削的平面放到平板上，均匀地用轻微的力将工件研磨几下后，如果锉削平面着色均匀就是平的。表面高的地方呈灰亮色，凹的地方着不上色，高低适当的地方红丹就聚在一起呈红色。

3. 检查垂直度

检查垂直度应使用直角尺。检查时，也采用透光法；选择基准面，并对其他各面有次序地检查，检查时直角尺要紧贴工件基准面，不可斜放，否则检查结果不正确，如图 6-14 所示。

4. 检查锉面粗糙度

用眼睛观察锉面粗糙度，表面不应留下深的擦痕或锉痕。

二、锉削注意事项及锉刀的保养

（一）锉削加工的注意事项

① 工件夹紧时用力适当，要在台虎钳上垫好软钳口或木衬垫，防止工件已加工面被夹伤。

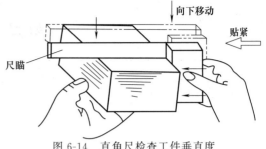

图 6-14 直角尺检查工件垂直度

② 基准面作为加工和测量基准，必须达到规定的技术要求，才能加工其他平面。

③ 注意加工顺序，先加工平行面再加工垂直面。

④ 每次测量时，锐边必须去除，保证测量准确性。

⑤ 锉削操作时，锉刀必须装柄后方可使用，否则锉刀的尾尖有可能扎伤手及手腕或身体其他部位。

⑥ 由于虎钳钳口淬火处理过，因此不要锉到钳口上，以免磨钝锉刀和损坏钳口。

⑦ 不要用手去摸锉刀面或工件以防被锐棱刺伤等，同时防止手上油污沾上锉刀或工件表面使锉刀打滑，造成事故。

⑧ 锉削时不要用嘴吹切屑，以防切屑飞入眼内；也不要用手去清除切屑，以防切屑扎破手指和手掌；应该使用刷子（钢丝刷）将切屑清除掉。

（二）锉刀的保养

合理选用锉刀是保证锉削质量、充分发挥锉刀效能的前提，正确使用和保养则是延长锉刀使用寿命的一个重要环节，因此，使用锉刀时必须注意以下几点：

① 不可用锉刀锉削毛坯的硬皮及淬硬的表面，否则锉纹会很快磨损而丧失锉削能力。

② 新锉刀应先用一面，用钝后再用另一面。

③ 锉面堵塞后，应用铜丝刷顺着锉纹方向刷去屑末。

④ 使用锉刀时不宜速度过快，否则容易过早磨损。

⑤ 锉削中不得用手摸锉削表面，以免在锉时打滑；锉刀严禁接触油类，沾着油脂的锉刀一定要用煤油清洗干净，涂上白粉。

⑥ 锉刀使用后，应妥善放置，不应重叠摆放，不能与其他金属硬物相碰，以免损坏锉齿；放在操作台上时，不要露出台面，以防掉下伤脚。

⑦ 严禁将锉刀用作其他工具进行敲打，不能当扁铲、撬棍使用，以防折断伤人。

思考与练习

1. 锉刀的种类有哪些？
2. 在锉削过程中，锉刀选用的原则是什么？
3. 平面锉削的方法有哪几种？各适用于锉削什么工件？
4. 锉削工程中对锉削力和锉削速度有何要求？
5. 简述如何用透光法检测锉削工件的平面度？
6. 如何检测被锉削工件的垂直度？
7. 锉削加工时应该注意哪些事项？
8. 如何保养锉刀以延长锉刀的使用寿命？

项 目 考 核

<table>
<tr><td colspan="2" align="center">锉削工具及锉削加工</td></tr>
<tr><td>工作任务</td><td>锉削工件</td></tr>
<tr><td>工作任务
描　述</td><td>

通过锯削、锉削加工工件,使加工后工件达到所要求的精度,在加工过程中让学生把锯削、锉削相结合,掌握正确的锉削的方法和姿势,能够正确地选用锉刀,了解锉削表面质量的检查方法以及锉削的注意事项,并能够根据锉削加工后工件的质量分析误差产生的原因;并测试学生的锉削能力。毛坯件尺寸为 100mm×80mm×10mm,精度为 1mm

技术要求:
1. 形位公差:0.08mm。
2. 表面粗糙度:*Ra*3.2μm。

| 图号 | 7-11 | 材料 | 45钢 | 等级 | 初级 |
| 名称 | | 锉削 | | 工种 | 钳工 |

</td></tr>
<tr><td>使用工具</td><td>锯弓、锯条、划针、游标高度尺、钢尺、90°直角尺、刀口直角尺、游标卡尺、千分尺、锉刀、钢丝刷、毛刷</td></tr>
<tr><td>学习目标</td><td>

技能点:
①能够保持正确的锉削姿势
②能够在锉削工件时达到一定的锉削精度
知识点:
①了解锉削原理、锉刀种类和规格的选择方法
②了解锉削加工要领、技巧
③掌握锉刀的使用方法和保养方法

</td></tr>
</table>

【项目评价表】

项目:锉削工具及锉削加工		班级			
工作任务:锉削工件		姓名		学号	

项目过程评价(100 分)

序号	项目及技术要求	评分标准	分值	成绩
1	85mm±0.08mm	超差 0.01mm 扣 2 分	25	
2	75mm±0.08mm	超差 0.01mm 扣 2 分	25	
3	平行度 0.06mm（2 处）	超差 0.01mm 扣 2 分	10	
4	垂直度 0.08mm（4 处）	超差 0.01mm 扣 2 分	10	
5	垂直度 0.06mm（2 处）	超差 0.01mm 扣 2 分	10	
6	平面度 0.06mm（2 处）	超差 0.01mm 扣 2 分	10	
7	粗糙度:$Ra3.2\mu m$	升高一级不得分	10	
8	安全文明生产	未达到要求者应按照有关安全操作 规程在总分中扣除,不得超过 10 分	10	
9				
10				
11				
12				
13				
总评		得　分		
		教师签字:	年　月　日	

第七章

模具零件的钻削加工

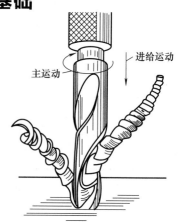

第一节　钻削加工基础

　　各种零件包括许多模具零件上的孔加工，除去一部分在车、镗、铣等机床上完成外，很大一部分由钳工利用钻削加工工具完成。

　　用钻头在实心材料上加工孔的操作被称为孔的钻削加工。一般情况下，在钻床上钻孔时，钻头同时完成包括主运动和进给运动在内的两个运动，即钻头在主轴带动下绕钻头轴线的旋转运动和钻头向着工件沿轴线方向的直线运动（进给运动），如图 7-1 所示。孔的钻削加工属于粗加工，加工精度一般为 IT10～IT11 级，表面粗糙度为 $Ra12.5～50\mu m$。

图 7-1　钻削运动

第二节　钻削加工工具

一、钻床

　　钻床的种类较多，常用的钻床有台式钻床、立式钻床和摇臂钻床三种（图 1-4～图 1-6），专用的钻床有深孔钻床和微孔钻床等。

二、钻头

（一）麻花钻

1. 麻花钻的结构组成

　　麻花钻是钻孔用的切削工具，由柄部、颈部及工作部分组成，如图 7-2 所示。柄部的材料一般采用 45 钢，工作部分一般采用高速钢（W18Cr4V、W9Cr4V2 或 W6Mo5Cr4V2）制成，经热处理淬硬至 62～68HRC。

① 柄部：是钻头的夹持部分，起定心和传递动力的作用，有直柄和锥柄两种，直柄传递扭矩较小，一般用在直径小于 13mm 的钻头上；锥柄可传递较大扭矩（主要是靠柄的扁尾部分），用在直径大于 13mm 的钻头上。

② 颈部：位于工作部分和柄部之间，是砂轮磨削钻头时退刀用的，颈部上还刻有钻头的规格、材料和商标等信息。

③ 工作部分：它包括导向部分和切削部分。导向部分有两条狭长、螺纹形状的刃带（棱边亦即副切削刃）和螺旋槽。棱边（副切削刃）的作用是引导钻头和修光孔壁；两条对称螺旋槽的作用是排除切屑和输送切削液（冷却液）。切削部分结构如图 7-3 所示，它有两条主切屑刃和一条横刃。两条主切屑刃之间的夹角通常为 118°±2°，称为顶角。横刃的存在使钻削时轴向力增加。

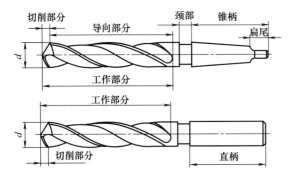

图 7-2　麻花钻的组成

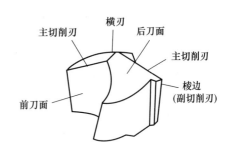

图 7-3　切削部分结构

2. 钻头的安装与拆卸

直柄钻头可插入钻夹头 [图 7-4（a）]，用钻夹头钥匙旋紧 [图 7-4（b）]，不能打击钻夹头，以免损坏夹头及钻床。锥柄钻头在与钻床主轴莫氏锥孔一致时方可装入，当锥度不一致时，可选用过渡套筒（图 7-5）；拆卸时过渡套筒可用斜铁打击卸下，不能直接打击钻头。

（二）精孔钻

模具零件上的小孔，可用精孔钻加工。精孔钻用麻花钻修磨而成，其特点是切削刃两边

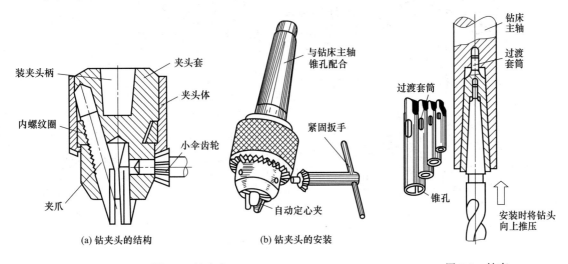

(a) 钻夹头的结构　　　(b) 钻夹头的安装

图 7-4　钻夹头

图 7-5　钻套

磨出顶角为 8°～10°的修光刃，同时磨出 60°的切削刃。在低的切削速度（2～8m/min）和较小进给量（0.1～0.2mm/r）下进行扩孔。扩孔余量一般为 0.1～0.3mm。尺寸精度可达 IT7～IT8 级，表面粗糙度可达 $Ra0.4～1.6\mu m$。

（三）小孔钻头

小孔钻头是用来钻削小孔或微孔的钻头。

三、夹具

一般情况下，钻直径在 8mm 以下的小孔，只要工件是可以用手握住的，就用手握住工件进行钻孔。当工件是不能用手拿住的小型工件，或钻孔直径比较大，或者工件尺寸较大时，则必须根据孔或者工件尺寸的大小，选择合适的夹具进行装夹。

1. 手虎钳

当工件尺寸小至无法用手握住，或者钻孔直径超过 8mm 时，必须使用手虎钳 [图 7-6(a)]、小型机用平口虎钳或平行夹板进行夹持。

2. 螺钉

对长工件上的孔结构进行钻削加工时，除用手握住以外，还应在钻床的台面上用螺钉挡住工件，以保证加工时的安全性，如图 7-6（b）所示。

3. 平口虎钳

在平整四方的工件上钻孔时，一般将工件直接夹持在平口虎钳上，如图 7-6（c）所示。

4. V 形铁

对于圆柱形工件，可采用带夹紧装置的双面 V 形铁 [图 7-6（d）]，或者把工件放在单面 V 形铁上，并配以压板压牢 [图 7-6（e）]，以免工件在钻孔时转动。

5. 压板

对于较大的工件且钻孔直径在 10mm 以上时，可用压板夹紧，如图 7-6（f）所示。使用压板时，需将压板垫平，以免夹紧时工件移动。

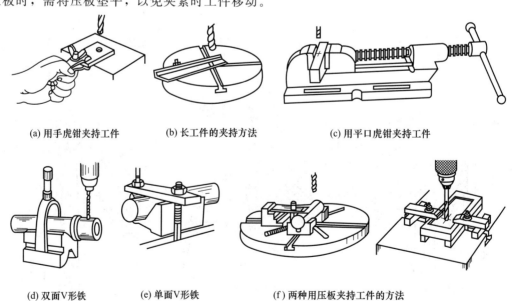

(a) 用手虎钳夹持工件   (b) 长工件的夹持方法   (c) 用平口虎钳夹持工件

(d) 双面V形铁   (e) 单面V形铁   (f) 两种用压板夹持工件的方法

图 7-6　工件的夹持

在大型工件进行钻孔操作时，需要将机用平口虎钳用螺栓紧固在钻床工作台面上，然后再夹紧工件；当不便使用机用平口虎钳时，可直接在钻床工作台上用压板、螺栓和垫铁把工件固定在钻床工作台上。

第三节　钻削加工方法

一、单个零件上孔结构的钻削加工方法

（一）划线钻孔

加工单个零件上的孔结构时，一般采用直接按划线位置进行孔的钻削加工的方法。该方法适用于在模板零件和其他模具的平面上钻孔。具体步骤如下。

1. 划线初步确定孔的位置

按图样要求划出所有待加工孔位的十字中心线，并用游标卡尺检查所划位置线是否正确。

2. 打样冲眼或钻中心孔

在各圆十字中心线的交点上打上样冲眼，并按孔的大小划出孔的圆周线及检查圆线。钻削直径较大的孔时，需划出几个大小不等的检查圆；为了便于钻孔时检查和借正钻孔位置，还可以划出检验方格。

3. 选择合理钻削用量

（1）背吃刀量的选择

根据孔径大小选择背吃刀量，背吃刀量一般为钻头直径的 1/2。对于直径 $D<30mm$ 的孔，可一次钻成；对于直径 $D>30mm$ 的孔，可先选择大小为 $(0.5\sim0.7)D$ 的钻头钻孔，再选择与孔径相同的钻头进行扩孔。

（2）切削速度的选择

综合考虑刀具材料、工件材料、孔径大小、加工精度以及表面粗糙度等因素选择切削速度。在加工大孔和高强度材料时，可选择较小的切削速度；钻小孔和低强度材料时，才选择较高的切削速度。

（3）进给量的选择

粗加工时，选择较大的进给量；精加工时，加工余量较小，应选择较小的进给量。当孔即将钻穿时，也应减小进给量，否则钻头将会被"咬死"，造成工件损坏、钻头折断以及造成人身和设备事故。

4. 定位夹紧工件

根据钻孔直径和工件的形状及大小，选择合适的夹持方法对工件进行装夹。

5. 试钻浅坑并测量孔位

钻孔前，先把孔中心的样冲眼冲大一些，这样钻孔时钻头不易偏心。试钻一浅坑并观察钻出的锥坑与所划的钻孔圆周线是否同心。

6. 借正

当试钻不同心时，应及时借正，一般靠移动工件位置借正。如果偏离较多，则可用样冲或油槽錾在需要多钻去材料的部位錾几条槽（图7-7），以减小此处的切削阻力而让钻头偏

过来。

7. 进行钻孔操作

当试钻出的锥坑与所划钻孔圆周线同心时，即可把钻床主轴中心与工件钻孔中心固定下来，进行孔的钻削加工。

（二）多孔钻削

当孔要求具有很高的孔位精度（如中心距等）以及很高的平行度要求时，可采用该种方法进行加工。具体操作步骤如下（图7-8）：

① 划线，初步确定孔的位置。

② 钻、铰好直径为 d_1 的孔。

③ 在直径为 d_1 的孔内安装测量芯棒，保证芯棒与孔之间的配合是过渡配合，并找正。

④ 将直径为 d_3 的测量芯棒安装至主轴上，并找正。

⑤ 调整直径为 d_3 的测量芯棒与待钻孔（直径为 d_2 的孔）的轴线，使二者重合。

⑥ 用外径千分尺测量 L 处的尺寸。

⑦ 边钻孔边测量 L 处尺寸，以保证两孔中心距为 A。

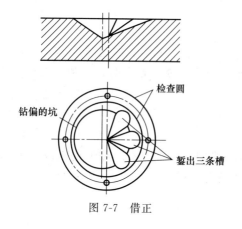

图 7-7　借正

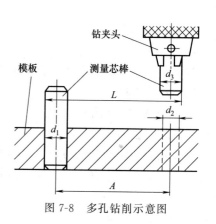

图 7-8　多孔钻削示意图

（三）二联孔钻削

二联孔是指中心线相同而直径不相同的两个孔，或者中心线相同却不连续的两个孔。加工此类孔时，由于两孔比较深或距离比较远，钻削加工时钻头需伸出很长而刚性差，容易产生弯曲和歪斜，不易保证两孔的同轴度要求，因此需要采用以下步骤进行加工：

① 按图样要求划出上段孔位的十字中心线，并在交点处打上样冲眼，钻上段孔。

② 利用钻顶或中心钻在上、下段孔连接面上钻定位孔。

③ 换上钻头，以已加工好的上段孔为导向，钻下段孔。

（四）小孔钻削

通常将直径不大于 3mm 的孔称为小孔。由于加工小孔的钻头直径太小，造成刃磨困难，刚性极差，螺旋槽狭窄导致排屑不畅而使钻头容易折断等问题；除此之外，加工过程中不易冷却，钻头磨损快，寿命短，因此一般采用以下步骤进行小孔的钻削加工：

① 选择线速度 $v_c = 20 \sim 25 \mathrm{m/min}$ 的高速钻床。

② 测试钻床的旋转精度、刚性和平稳性。

③ 选择合适尺寸的钻头，并对其进行正确修磨。

④ 正确安装钻头，保证与主轴的同轴度。

⑤ 选择钻模或采用刚性较好的中心钻，钻相同直径的引导孔，对钻头进行定位和导向。

⑥ 手动进给进行孔的加工，当钻头在跳动时，给其一个缓冲的空间，以防止钻头折断，当钻削极小孔时（孔径小于1mm），由于钻头进给力过小，不易直接感觉到，因此在进给手柄上安装一个小重锤，依靠其重量完成进给。

⑦ 在钻孔过程中，经常提起钻头进行排屑，并按照其加工材料选用充足的冷却润滑液进行冷却、润滑。

当钻孔深度超过钻头的有效长度而又是通孔时，如果工件形状允许，则可采取两边钻孔的方法。按要求先在工件的一端钻孔，深度为总深度的一半，再将一块平行垫铁装压在钻床工作台上，在上面精钻一个能与导向销大端为静配合的孔，把导向销压入孔中，导向销的小端要能进入工件的已钻孔，但不可有明显的间隙，然后将工件插装在导向销和垫板上面，压紧后将孔钻通。

当使用很细的麻花钻时，其钻芯直径就会更小，极易折断。在这种情况下，可以自制小扁钻头，由于小扁钻头是圆柱形，又没有螺旋槽，因此，比相同直径的麻花钻强度要大，不易折断。小钻头用钢丝或者小麻花钻柄制成，顶角 $2\phi = 110° \sim 120°$，前角 $\gamma = 0°$，后角 $\alpha = 15° \sim 20°$，直径越小后角越小，此外还要修磨出倒锥和副后角，以减小摩擦。制成之后将小钻头用酒精灯加热，油内冷却，而使其获得较大的硬度。

（五）深孔钻削

通常将深度（L）与孔径（D）之比（L/D）大于5的孔称为深孔。

1. 存在的问题

① 钻头细长，强度、刚性差，易产生扭转、弯曲和折断现象。

② 钻头导向性差，很容易将孔钻偏、钻斜，因此，必须进行有效的定位和导向。

③ 钻头长径比大，冷却排屑困难，必须进行强行冷却和排屑。

2. 注意事项

① 钻削时同轴度要好，钻头必须与主轴严格同轴，其同轴度误差不大于0.02mm。

② 选择刚性和导向性好的钻头。如使用接长麻花钻，则要求接长杆必须经过调质处理，同时还需在长杆上镶嵌导向铜条，严格保证接长杆与钻头之间的同轴度。

③ 切削用量不宜过大，尤其是孔即将被钻穿时，进给量一定要小，否则将会损坏钻头和孔口。

④ 刃磨钻头时，必须采用有效的分屑和断屑措施，使排屑顺利。如发现堵塞现象，应及时退钻排屑。必须连续不断地通入具有一定压力和流量的切削液，保证送液和排屑通道畅通。

⑤ 深孔钻削过程中，尽量不停车，否则将损坏工件和钻头。如果必须停车，应先停止进给，退出钻头，方能断液、停车。

3. 操作方法

① 当深孔深度在麻花钻工作部分长度2倍以内时，可通过先钻盲孔，再使用普通麻花钻加工深孔的方法进行加工。

② 当深孔深度大于麻花钻工作部分长度2倍时，采用接长钻头来加工。

（六）相交孔钻削

当加工轴线相互垂直且相交的孔时，容易在钻孔过程中出现两孔相交处钻偏或钻歪等现象。为避免类似的现象出现，在加工时应注意以下几点：

① 钻孔顺序，一般情况下，先加工大孔，后加工小孔；先加工长孔，后加工短孔。

② 切削用量不能过大，为减小钻孔深度，一个孔可分 2、3 次进行加工。当钻孔位置即将通过两孔相交部分时，必须减小进给量，以防止咬死和将孔钻歪。对于精度要求较高的相交孔，钻孔后应留有铰削或研磨的余量。

（七）斜面上孔的钻削

用麻花钻在斜面上钻孔时，由于单面径向力的作用，钻头易产生歪斜，因而影响钻孔质量，甚至会造成钻头的折断。一般情况下可采用以下几种方法进行斜面上孔的钻削：

① 先用立铣刀铣出或用錾子錾出一个平面 ［图 7-9（a）］，接着在平面上划线确定待加工孔的位置，用样冲定出中心，然后再用中心钻钻出锥坑或用小钻头钻出浅孔，当位置准确后用钻头完成孔的加工。

② 采用圆弧刃多功能钻 ［图 7-9（b）］直接钻削。使用该钻头进行加工时，应低速手动进给。

③ 利用钻套进行定位和导向，使用普通麻花钻进行加工 ［图 7-9（c）］。

(a) 铣/錾平面后加工孔　　　(b) 圆弧刃多功能钻　　　(c) 钻套

图 7-9　斜面上孔的钻削

（八）斜孔钻削

加工斜孔时，由于孔的轴线与平面不垂直，因此钻孔时钻头轴线与平面不垂直，这样一来，钻头受到不垂直平面作用而产生的斜向力影响，使之定位不准和极易将孔钻偏。为了加工出质量合格的斜孔，必须采用如下的有效工艺措施：

① 进行立体划线，初步确定孔的位置。

② 用样冲打上样冲眼再利用钻头加工出一浅坑 ［图 7-10（a）］。

③ 将工件安装在夹具上，将斜孔旋转到垂直方向 ［图 7-10（b）］。

④ 用立铣刀在孔位置处加工出一平面 ［图 7-10（c）］，使用中心钻钻出定心中心孔 ［图 7-10（d）］。

⑤ 用钻头加工出一小孔，进行定心与导向 ［图 7-10（e）］。

⑥ 使用定心压板进行定心与导向 ［图 7-10（f）］。

⑦ 选择合理的切削用量完成斜孔的加工。

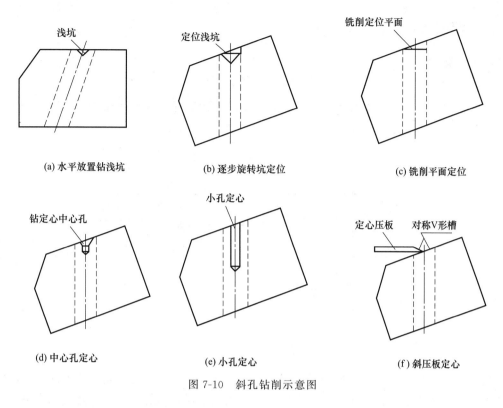

(a) 水平放置钻浅坑　　　　　(b) 逐步旋转坑定位　　　　　(c) 铣削平面定位

(d) 中心孔定心　　　　　(e) 小孔定心　　　　　(f) 斜压板定心

图 7-10　斜孔钻削示意图

（九）不同材质工件上孔的钻削

1. 在硬度高的钢材上钻孔

这里所说的硬度高的钢材是指经过热处理后其硬度达到 38～43HRC 的钢材，或弹簧钢和工具钢等难加工材料。在这些材料上钻孔时，其主要问题是硬度高、强度大、切削力大。如用普通高速钢钻头钻孔时，应针对材料切削负荷大的特点，采取如下几方面的措施：

① 采用钻硬材料的钻头。

② 增强系统刚性，钻孔时要求系统刚性尽可能好，避免产生震动。为此，尽量选用短钻头和刚性大的机床。

③ 降低转速和减小进给量，切削用量要小些，一般切削速度取 2～5m/min，进给量为 0.03～0.05mm/r，或用手动进给。

④ 使用油作切削液，钻孔时最好不要用乳化液，因为少量的乳化液在切削刃与孔底之间显得很滑，不利于刀刃对薄切削层的切入。钻削时应着重考虑切削液的润滑作用，最好采用油作切削液。

2. 在橡胶上钻孔

橡胶是弹性体，受到很小的力就有很大的变形。在橡胶上钻孔时，如果钻头刃口不锋利，则橡胶会产生很大的变形，使得孔径收缩量很大，易形成上大下小的锥形，严重时孔壁有撕伤，甚至不成孔形等。

为获得较好的钻孔质量，应采取如下措施：

① 采用钻橡胶材料的钻头。

② 提高转速和减小进给量，采用较高的切削速度，一般为 30～40m/min，便于排屑。进给量要小，一般取 0.05～0.12mm/r。

二、配钻与同钻铰加工技术

（一）配钻

1. 概述

配钻是指在某一零件上加工孔时，其孔位不是按照图样中的尺寸和公差来加工，而是通过另一零件上已钻、铰好的实际孔来进行加工，如图 7-11 所示。

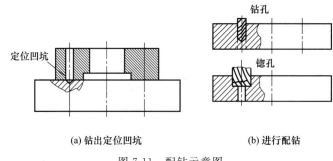

定位凹坑

钻孔

锪孔

(a) 钻出定位凹坑　　　　　(b) 进行配钻

图 7-11　配钻示意图

2. 配钻方法

（1）直接引钻法

直接引钻法是通过已加工好的光孔配钻螺纹底孔。将已经加工好光孔的零件叠在需配钻螺纹底孔零件的正上方，并用平行夹夹紧，用与光孔直径相同的钻头，以光孔作为引导，在待加工工件上钻一锥坑，再把两个零件分开，以锥坑为准，钻出螺纹底孔。

（2）螺纹中心冲印孔法

如果待加工零件上的孔位是依据已加工好的不通螺孔来配作的，则为保证孔中心的位置

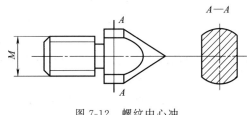

图 7-12　螺纹中心冲

的正确，可采用如图 7-12 所示的螺纹中心冲来印孔。使用时，将螺纹中心冲拧入已加工好的螺孔内，然后将两零件按装配位置放在一起并加压，使螺纹中心冲在待加工件的各对应孔中心打出样冲眼，而后按样冲眼钻孔。

（3）复印法印孔

在已加工好的光孔或螺孔的平面上涂一层红丹粉，将两个零件按装配位置放置在一起，这样，在待加工件的平面上即可印出孔的印痕，再根据印痕，在钻孔位置上打上样冲眼，然后钻孔。

（二）同钻铰方法

1. 概述

所谓同钻铰加工，就是将待加工的有关零件夹紧成一体后，同时钻孔和铰孔，如图7-13所示。

2. 同钻铰方法

将装配调整好需定位的各零件用螺钉紧固在一起，用平行夹夹紧后再进行同钻铰加工，使各定位件所对应的销钉孔具有较高的同轴度要求。

若定位销孔的基准件是淬硬件，则在热处理前应将定位销孔钻铰好，热处理后，如变形

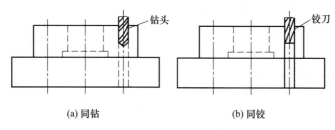

(a) 同钻　　　　　　　　(b) 同铰

图 7-13　同钻铰示意图

量不大，则应用铸铁棒加研磨剂进行研磨，或用硬质合金铰刀进行精铰一次，以恢复到所要求的质量。当变形量较大时，就必须在坐标磨床或电火花加工机床上，将定位销孔加大到一定尺寸，然后按新的直径配钻铰销钉孔。

为了保证销钉孔的加工质量，配钻铰销钉孔时，选用比已加工好的销钉孔直径小 0.1～0.2mm 的钻头锪锥坑找正中心，再进行钻、锪和粗、精铰孔，所留铰量要适当。在铰削过程中，要加注充分的切削液。

第四节　模具零件的钻削加工

在模具制造中，有着许多的孔加工，包括安装孔、螺纹底孔、螺钉过孔、定位销孔、顶杆孔、型芯固定孔、冷却水道孔、排气孔等，由于这些孔都属于中小型孔，一般都是由钳工来完成的，因此，孔加工技术是模具制造中的重要加工技术。

一、模具零件常用钻削方法

（一）模具零件中骑缝孔的钻削加工

在模具装配过程中，有时需要在模板和被固定零件（如模柄、凸模）之间、整体式浇口套或定位圈与定模座板之间加工防转的骑缝螺钉孔，如图 7-14 所示。由于两种材料硬度不同，如果将孔的中心定在接触缝隙，则孔将向材质较软的一边歪斜，因此划线和打样冲眼时可将孔位向硬度较高的材料一边偏移一定距离，以抵消因阻力小而引起的钻头向软材料方向偏移。

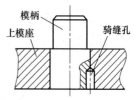

图 7-14　骑缝孔

在钻骑缝孔时，应尽量使用长度较短的钻头，以增强钻头刚度；钻头的横刃要尽量磨窄，以加强定心作用，减少偏移现象。

（二）模具零件中深孔的钻削加工

塑料模具中的冷却水道孔、加热器孔及一部分顶杆孔等属于深孔，需要采用深孔加工方法进行加工。一般冷却水道孔精度要求不高，但必须防止在加工过程中孔的偏斜；加热器孔为保证热传导效率，对孔径及粗糙度都有一定要求，孔径需比加热棒大 0.1～0.3mm，粗糙度为 $Ra6.3～12.5\mu m$；而顶杆孔要求较高，一般精度为 IT8，并有垂直度和表面粗糙度要求。通常有以下几种加工方法：

1. 用于中小模具的加工方法

加工中小型模具上的冷却水道孔、加热器孔及顶杆孔时，常用普通钻头或加长钻头在立式钻床、摇臂钻床上以小的进给量进行加工，同时注意及时排屑、冷却。

2．用于中、大型模具的加工方法

通常使用摇臂钻床或者深孔钻床进行中、大型模具上各类深孔的加工。

3．超长、低精度孔的加工方法

划线后从两面对钻，使用该种方法时，必须做到以下两点：①划线准确；②保证同轴度要求。

4．垂直度要求较高的孔的加工方法

当加工垂直度要求较高孔时，需采用钻模等工具进行导向加工。加工时应注意以下几点：

① 钻孔时一般钻到直径的 3 倍深度时，需将钻头提出排屑，以后每进一定深度，钻头均应退出排屑，以免钻头因切屑阻塞而折断。

② 有的深孔深度超过钻头的总长度或更深一些，这时可使用加长杆钻头或连接杆钻头钻孔，这两种钻头可外购或自制。

③ 对于一些特殊的深孔，如某些通孔的加工，一般采用专用设备或在机床上进行，此时，需要特别的加长杆钻头。

冷却水道还属于相交孔系，在加工时还需要按照钻相交孔技术中的注意事项进行操作。

（三）模板上孔的钻削加工

模板上的各孔之间具有很高的孔位精度（如中心距等）以及很高的平行度要求，加工时需参照多孔钻削技术进行加工。

（四）斜导柱孔的钻削加工

模板上斜导柱孔的加工，需要按照斜孔的加工方法进行加工。

（五）模板上销钉孔、螺纹底孔等的钻削加工

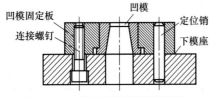

图 7-15 某冲压模具下模装配图

模具零件上有许多孔，在模具组装时，各零件之间对孔位都要求有不同程度的一致性。除孔位精度要求较高的孔采用坐标镗床、立铣等机床来钻孔、镗孔外，当孔距本身公差要求不高，而只要求 2 个或 3 个零件组装时孔位一致，常采用配钻和同钻铰方法来加工。图 7-15 为某冲压模具下模装配图，其中的螺纹连接孔和定位销孔就需要采用配钻或同钻铰技术。

二、钻削加工实例

（一）任务分析

图 7-16 所示为一套冲孔落料复合模，其中上模座板、下模座板、凸凹模固定板、卸料板等结构中均有若干孔结构，接下来分别以该冲压模中零件 4 凸凹模固定板以及零件 1 下模座板为例，分别详细描述两个零件上孔的钻削加工过程。

（二）任务实施

1．凸凹模固定板孔的钻削加工

（1）结构分析

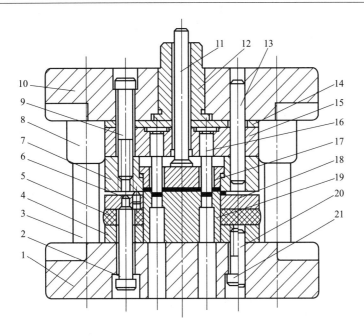

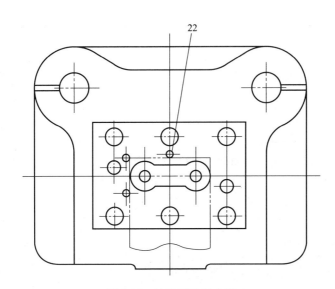

图 7-16 冲孔落料复合模

1—下模座板；2—卸料螺钉；3—导柱；4—凸凹模固定板；5—弹性元件；6—导正销；7—凹模；

8—导套；9,21—螺栓；10—上模座板；11—打料杆；12—模柄；13,20—销钉；14—垫板；

15—凸模固定板；16—凸模；17—推件块；18—卸料板；19—凸凹模；22—挡料销

材料为45钢的凸凹模固定板（图7-17）上包括有4个卸料螺钉过孔、2个螺纹孔以及2个销钉孔。其中直径为 $\phi12mm$ 的2个销钉孔，有较高精度要求，需经过钻孔粗加工，采用铰孔精加工方能保证精度要求。

（2）加工步骤

① 分别划出凸凹模固定板上4个直径为 $\phi13.5mm$ 的卸料螺钉过孔、2个直径为 $\phi12mm$ 的销钉孔以及2个 M14 螺纹底孔的定位线。

② 打样冲眼。在各圆十字中心线的交点上打上样冲眼，并按孔的大小划出孔的圆周线

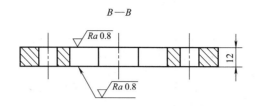

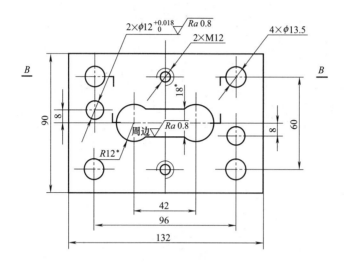

技术要求：

1.热处理硬度：43～48HRC。

2.带*尺寸与凸凹模配作保持单边过0.01～0.03mm。

图 7-17　某冲压模凸凹模固定板

及检查圆线。

③ 钻各孔中心孔。

④ 选择 ϕ10.2mm 钻头钻出 M12 螺纹底孔。

⑤ 选择 ϕ11.7mm 钻头钻 ϕ12mm 孔。

⑥ 选择 ϕ13.5mm 钻头钻出 ϕ13.5mm 孔。

⑦ 选择直径为 ϕ12mm 的铰刀，对 ϕ12mm 进行铰削。

⑧ 攻制 2 个 M12 螺纹孔。

⑨ 检验各孔的尺寸是否正确。

2. 下模座板孔的钻削加工

（1）结构分析

材料为 HT200 下模座板（图 7-18）上包括有 2 个导柱孔、4 个卸料螺钉过孔、6 个圆柱沉头孔、2 个螺钉过孔、2 个销钉孔以及 2 个漏料孔。其中直径为 ϕ12mm 的 2 个销钉孔、直径为 ϕ25mm 的导柱孔，有较高精度要求，需经过钻孔粗加工，采用铰孔精加工方能保证精度要求。由于各孔间距未标注公差要求，因此可采用一般划线钻孔的方法获得；若对间距要求较高，则可采用多孔钻削技术进行孔的加工。

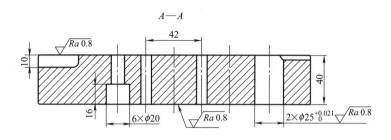

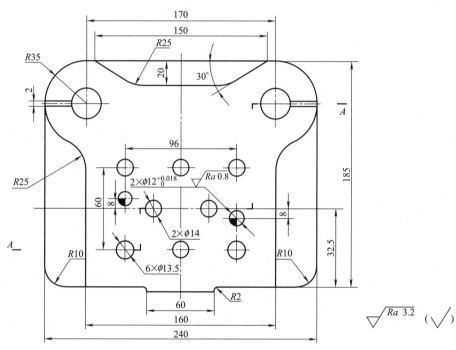

图 7-18 某冲压模下模座板

（2）加工步骤

① 使用划线工具划出 12 个待加工孔的定位线。

② 打样冲眼。在各圆十字中心线的交点上打上样冲眼，并按孔的大小划出孔的圆周线及检查圆线。

③ 钻 $\phi14$mm 漏料孔以及 2 个 $\phi25$mm 导柱孔的中心孔。

④ 分别选择 $\phi14$mm、$\phi24.7$mm 钻头，加工 2 个 $\phi14$mm 漏料孔以及 2 个 $\phi25$mm 导柱孔（粗加工）。

⑤ 将凸凹模固定板叠加至下模座板上方，用平行夹夹紧，分别使用中心钻通过凸凹模固定板上的销钉孔、卸料螺钉孔、螺钉孔加工 2 个 $\phi12$mm 的销钉孔、4 个 $\phi13.5$mm 的卸料螺钉过孔以及 2 个 $\phi13.5$mm 螺钉过孔位置处的锥坑。

⑥ 将两个零件分开，重新装夹下模座板，分别选择 $\phi11.7$mm、$\phi13.5$mm 钻头，对准各锥坑，加工 2 个 $\phi12$mm 的销钉孔（粗加工）、6 个 $\phi13.5$mm 的卸料螺钉过孔。

⑦ 分别选择直径为 $\phi12$mm、$\phi25$mm 的铰刀，完成 2 个 $\phi12$mm 销钉孔和 2 个 $\phi25$mm

导柱孔的精加工。

⑧ 选择 ϕ20mm 锪钻，加工上模座板上 6 个直径为 ϕ25mm 的圆柱型沉头孔。

⑨ 检验各孔的尺寸是否正确。

第五节　钻削加工的注意事项

① 钻通孔时，孔的下面需留出钻头的空隙，防止钻头钻透底面时钻伤钻床的工作台面或夹持工件的夹持工具。

② 钻不通孔时，要注意钻孔深度的控制，调整好钻床深度标尺挡块，或采用其他必要的限位措施，确保钻孔的质量和安全。

③ 钻深孔时，要注意及时排除切屑，防止钻头磨损或折断。每当钻头钻进深度达到 3 倍的孔径时，必须将钻头从孔内提出把切屑清除掉。

④ 钻大直径孔时，因钻头横刃轴向阻抗力较大，故应先用大于该钻头横刃宽度的小钻头预钻孔，然后再用大钻头钻。一般直径超过 30mm 的孔，均应分两次钻削。

⑤ 钻具有精度要求的孔时，应由坐标镗床来打洋冲眼，最好由坐标镗床中心钻先钻出眼窝，然后用钻床钻孔。

⑥ 工作前要做好准备，要检查工作地点情况，清除机床附近的一切障碍；要检查钻床的润滑情况、防护装置是否可靠。

⑦ 钻孔时操作者的衣袖要扎紧，严禁戴手套工作，头部不要离钻头太近，女同志必须戴帽子。

⑧ 工件夹紧要牢靠，一般不许用手按住工件钻孔，否则工件转动时会发生事故。但是在较大的工件上钻较小的孔时，可用手按住工件，或用手按住夹板，这时应特别小心注意。

⑨ 清除铁屑要用刷子，不要用棉纱擦或用嘴吹，也不要直接用手去清除；高速钻削时要注意断屑，以免发生人身事故。

⑩ 禁止开车时用手拧紧钻夹头；变速时应先停车。

⑪ 使用电钻时，要防止触电，工作时要戴绝缘手套，脚踏绝缘板。工作前检查地线是否接地。

思考与练习

1. 常见的配钻方法有哪几种？

2. 试述钻斜孔的工作要点。

3. 钻小孔钻头的特点是什么？起什么作用？

4. 怎样钻孔距有精度要求的孔和精孔？

5. 试述钻相交孔的工作要点。

6. 钻硬度高的钢材时其钻头的特点是什么？起何作用？

7. 钻橡胶钻头有哪些特点？

8. 试写出如图 7-19 所示材料为 45 钢的某底板上孔结构的钻削加工步骤。

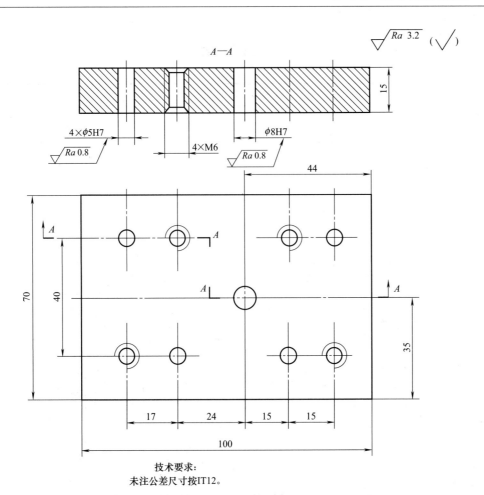

技术要求：
未注公差尺寸按IT12。

图 7-19　某底板零件图

项 目 考 核

模具零件的钻削加工	
工作任务	加工孔
工作任务 描　　述	通过对零件 1 即某冲压模凸凹模板固定板上孔的加工,训练学生正确使用划线工具进行待加工孔位置线的绘制,正确使用钻削加工工具进行孔的加工,正确使用测量工具对加工好的孔进行测量、检验;通过对零件 2 即同一套冲压模具中的下模座板上孔的加工,除了让学生巩固单个零件上孔结构的加工方法以外,训练学生正确使用配钻的方法完成相邻的两个零件上对应孔的加工,以实现对应孔的同轴度要求 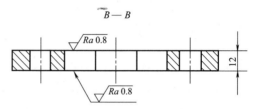 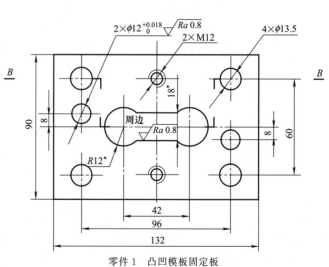 零件 1　凸凹模板固定板

工作任务 描　　述	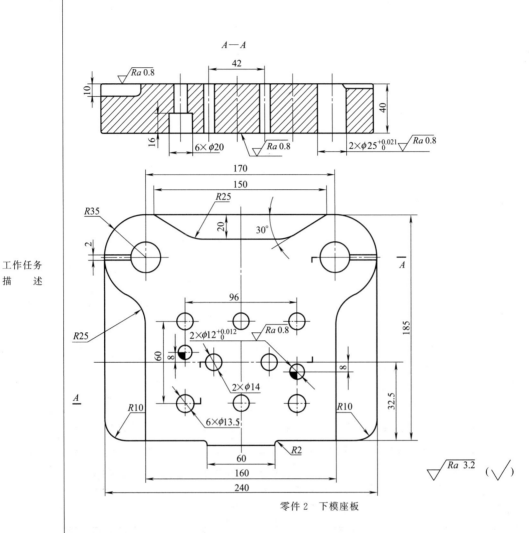 零件 2　下模座板
使用工具	划线工具、台钻、麻花钻、夹具、游标卡尺、千分尺
学习目标	技能点： ①能正确制订合理的加工工艺 ②能正确使用划线工具 ③能正确使用钻削工具 ④能正确使用测量工具 知识点： ①掌握划线工具的正确使用方法 ②掌握钻削工具加工模具零件上孔结构的正确方法 ③掌握测量工具的正确使用方法

【项目评价表】

项目:模具零件的钻削加工	班级		
工作任务:加工孔	姓名	学号	

项目过程评价(100分)

序号	项目及技术要求	评分标准	分值	成绩
1	加工前的准备:所选择的加工方法合理可行;所准备的工具、量具齐全	加工方法每错选一次扣3分;每少准备一个工具扣1分;每少准备一个量具扣1分	10	
2	钳工划线:所划各孔位置线准确、线条清晰、无重叠线	每出现一次错误扣1分	15	
3	钳工划线:冲眼准确,大小均匀,无偏斜	每出现一次错误扣1分	10	
4	钻孔:操作熟练,各尺寸精度达标	对于有尺寸精度要求的孔,每超差0.01mm扣1分;对于无尺寸精度要求的孔,每超差0.1mm扣1分	50	
5	检验:能正确读数	每读错一次数据扣1分	10	
6	安全文明生产:能正确执行安全技术操作规程	每出现一次错误扣1分	5	
总评		得分		
		教师签字:	年 月 日	

第八章

模具零件的螺纹加工

第一节　螺纹加工基础

一、螺纹的基本原理

用一张剪成直角三角形 ABC 的纸（图 8-1），以一直角边 AC 挨着一假设直径为 d 的圆柱底面边缘绕圆柱旋转，其斜边 AB 在圆柱上就形成了一条螺旋曲线，旋转一周后，相邻两点距离（即 BC 两点距离），称为螺线节距 S，又叫导程，按照这个原理产生螺纹，如图 8-1 (c) 所示。螺纹自左向右升起为右旋螺纹，螺纹自右向左升起为左旋螺纹。

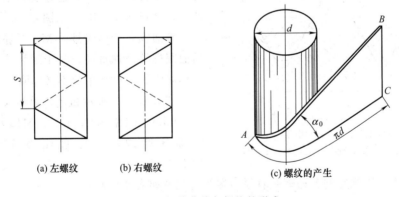

(a) 左螺纹　　　(b) 右螺纹　　　　　(c) 螺纹的产生

图 8-1　螺旋曲线与螺纹的形成

螺纹有单头和多头，螺纹头数在螺线节距 S 范围内，才能保证螺纹足够强度。设螺纹头数 n、螺纹节距（螺距）t，螺线节距 S 和螺纹节距（螺距）t 的关系是：$S=nt$。由此可知，多头螺纹节距和螺旋线节距是不相等的。只有单头螺纹的螺距和螺线节距才相等。

二、螺纹的种类

螺纹可分为连接螺纹和传动螺纹两大类。从螺纹配合要素（牙型、螺距、外径、线数、旋向）是否符合国家规定螺纹标准来看，又可分为标准螺纹、特殊螺纹和非标准螺纹三种。

① 标准螺纹——牙型、螺距、外径都符合国家颁布的标准规定。

② 特殊螺纹——牙型符合标准，螺距、外径都不符合标准规定。

③ 非标准螺纹——牙型、螺距、外径都不符合标准规定。

以螺纹的牙形来区分：有三角形螺纹、梯形螺纹、方形螺纹、半圆螺纹、锯齿形螺纹等多种，如图 8-2 所示。

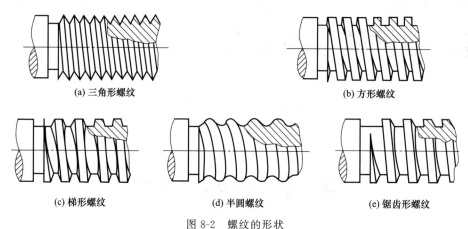

(a) 三角形螺纹　　　　　　　　　　　　　(b) 方形螺纹

(c) 梯形螺纹　　　　　(d) 半圆螺纹　　　　　(e) 锯齿形螺纹

图 8-2　螺纹的形状

三、三角形螺纹的应用和代号

三角形螺纹多用于连接上，是应用得比较广泛的一种螺纹。它可以分成下面三种。

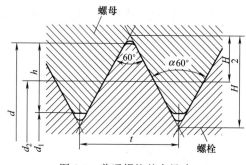

图 8-3　普通螺纹基本尺寸

d—螺纹大径（公称直径）；d_2—螺纹中径；d_1—螺纹小径；
t—螺距；α—牙形角（60°）；H—螺纹工作高度

1. 普通螺纹

普通螺纹采用公制单位，以毫米（mm）为尺寸单位，分粗牙普通螺纹和细牙普通螺纹两种，牙形角 $\alpha=60°$，如图 8-3 所示。

普通螺纹牙形代号为 M，标注螺纹时，其后面跟螺纹公称直径，对于细牙普通螺纹，还须标注螺距，尺寸单位不必标明。

如 M10，即表示粗牙普通螺纹，公称直径为 10mm，螺距为 1.5mm；M10×1.25 即表示细牙螺纹，公称直径为 10mm，螺距为 1.25mm。

对于国家标准规定的普通螺纹直径与螺距的关系如表 8-1 所示。

表 8-1　普通螺纹公称直径与螺距的关系（GB/T 193—2003）　　　　　　mm

公称直径(d, D)			螺距 P	
第一系列	第二系列	第三系列	粗牙	细牙
4			0.7	0.5
5			0.8	
6			1	0.75, 0.5
8			1.25	1, 0.75, (0.5)
10			1.5	1.25, 1, 0.75, (0.5)
12			1.75	1.5, 1.25, 1, (0.75), (0.5)

续表

| 公称直径(d,D) | | | 螺距 P | |
第一系列	第二系列	第三系列	粗牙	细牙
	14		2	1.5,(1.25),1,(0.75),(0.5)
		15		1.5,(1)
16			2	1.5,1,(0.75),(0.5)
20	18		2.5	2,1.5,(0.75),(0.5)
24			3	2,1.5,(0.75)
		25		2,1.5,(1)
	27		3	2,1.5,1,(0.75)
30			3.5	
36			4	
		40		
42	45		4.5	(4),3,2,1.5,(1)
48			5	
		50		(3),(2),1.5
		55		(4),(3),2,1.5,1
56			5.5	4,3,2,1.5,(1)
	60		5.5	
80				6,4,3,2,1.5,(1)
90	85			6,4,3,2,(1.5)

注：1. 优先选用第一系列，其次选用第二系列，第三系列尽可能不用。

2. 括号内的尺寸尽可能不用。

3. M14×1.5 仅用于火花塞。

2. 英制螺纹

英制螺纹采用英制单位，以英寸（in）为尺寸单位，现在机械制造中较少采用，多配制于旧机器英制螺纹零件，其牙形如图 8-4 所示。

英制螺纹代号以外径（公称直径）及每英寸牙数表示。如 3/16″-18 或 5/16″×18，即表示英制螺纹公称直径为 3/16in 或 5/16in，每英寸牙数为 18。

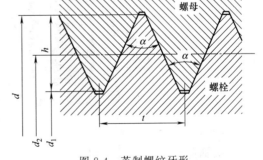

图 8-4　英制螺纹牙形

d—公称直径；d_2—螺纹中径；d_1—螺纹小径；t—螺距；α—牙形角（55°）

3. 管螺纹

管螺纹用于管件连接，它与其他螺纹不同的是螺距比较小，牙的深度也比较浅。公称直径是指管子通径。

管螺纹分为非螺纹密封的管螺纹（代号 G）和用螺纹密封的管螺纹，用螺纹密封的管螺纹又可分为圆柱外螺纹（R）、圆锥内螺纹（Rc）、圆柱内螺纹（Rp）。

管螺纹有左旋和右旋之分，左旋的管螺纹在代号中标注"LH"，右旋一般不加标注。

如 G3/8″，即表示圆柱管螺纹，公称直径为 3/8in，右旋；Rc2″LH，即表示圆锥管螺纹

（$\alpha = 55°$），公称直径为 2in，左旋。

第二节 螺纹加工工具及其使用方法

要从金属圆柱或钻孔中切削出螺纹，就要使用切削螺纹刀具。钳工通常使用的切削螺纹刀具有丝锥（丝攻）和圆板牙（丝板）两种。

一、丝锥

丝锥是加工内螺纹的工具，它的基本结构形状像一个螺钉，轴向开有几条出屑槽，相应地形成几瓣刀刃。整个丝锥分成工作部分和扳柄部分，如图 8-5 所示。

1. 工作部分

工作部分由切削部分和修光部分组成。

切削部分主要担负起切螺纹的工作，用作修光螺纹和校定螺纹直径。在工作部分，轴向一般开有 3～4 条切削刀刃和容屑槽，切削刃切削出来的断屑可从容屑槽中排出。

切削刃的几何角度：前角（γ）和后角（α）大小是根据加工材料来确定的；标准丝锥，前角（γ）一般取 5°～10°，适用于钢或铸铁等材料；后角（α），一般手用丝锥取 6°～8°，机用丝锥取 10°～12°。

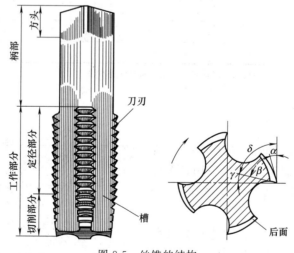

图 8-5　丝锥的结构

2. 扳柄部分

扳柄部分呈圆柱形，末端是方头（方榫），用以套上扳手，传递扭力，进行切削工作。机用丝锥柄部比手用丝锥柄部稍长，并开有一半圆环槽。

3. 丝锥种类

常用的丝锥种类有手用丝锥、机用丝锥两种。

① 手用丝锥（图 8-6）：在圆柱孔内加工内螺纹的工具。其一般由两把或三把组成一副。两把一副的分头攻、二攻；三把一副的分头攻、二攻和三攻，它们分别完成先后的切削螺纹工作。

② 机用丝锥（图 8-7）：机用丝锥可装夹在车床尾座或经过减速的钻床上攻螺纹，为了

防止丝锥在工作时松脱，柄部除有方头外，还设计有半圆环槽。由于丝锥工作导向较好，故常用单把攻螺纹。但在加工材料较硬、较韧和直径较大的螺纹时，应采用两把一套的机用丝锥。

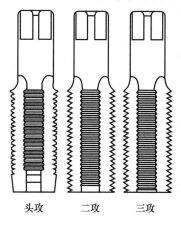

头攻　　二攻　　三攻

图 8-6　手用丝锥

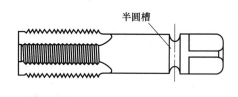

半圆槽

图 8-7　机用丝锥

二、圆板牙

板牙是在圆柱形工件上加工外螺纹的一种刀具，有开缝和不开缝两种，外圆表面开有顶丝窝，用于紧定在扳手上。板牙的基本结构像一个螺母，开有几个排屑孔，如图 8-8 所示。由于板牙螺纹廓形是内螺纹表面，较难磨制（一般不磨），热处理后产生的变形和表面脱碳等缺陷未能消除，因此，用板牙加工出来的外螺纹光洁度较低。

圆板牙中心有螺纹，端面钻有 3～7 个出屑孔（视直径大小而定），形成刀刃并磨出前角（γ），一般取前角（γ）为 15°～20°。板牙两端均做出切削锥，并经铲磨形成齿顶后角 $\alpha=$ 7°～9°。切削锥角 2φ 为 40°～60°，当螺纹需要切到轴肩时，取 $2\varphi=90°$。校准部分起校准的导向作用，为了减少螺距的积累误差，其长度不宜过大，一般取（4～4.5）S。圆板牙的结构如图 8-9 所示。圆板牙可以一次完成整个攻螺纹的工作。

（a）不开缝　　（b）开缝

图 8-8　圆板牙（丝板）

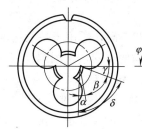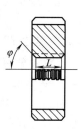

图 8-9　圆板牙的结构

用来切削管子外螺纹的管子板牙，必须嵌在活络板牙的板牙架上。图 8-10 所示是管子板牙架，这种活络板牙架可以装三种板牙，即切削直径为 13～19mm（1/2～3/4in）、切削直径为 25～38mm（1～1½in）和切削直径为 33～50mm（1½～2in）三种。

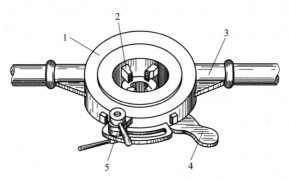

图 8-10　管子板牙架

1—板牙架体；2—板牙；3—手柄；4—合拢、张开用板牙手把；5—定板牙尺寸的操纵器

第三节　螺纹加工方法

一、螺纹常见的加工方法

（一）螺纹车削

车削是最常见的螺纹加工方法，如图 8-11 所示，其适用性强，可加工未淬硬的各种材料、各种类型和不同直径的螺纹。加工精度可达 IT9～IT4 级，表面粗糙度 Ra 可达 3.2～0.4μm。但车削螺纹生产率低，适用于单件小批生产。

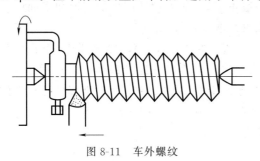

图 8-11　车外螺纹

在成批生产中，为了提高生产率，可用螺纹梳刀进行加工，这是一种多齿的螺纹车刀。一般螺纹梳刀加工的精度不高，不能用来加工精密螺纹。

（二）螺纹铣削

螺纹铣削可用来加工未淬火的各种内、外螺纹。与车削相比，精度较低（IT9～IT6 级），表面粗糙度 Ra 较大，一般为 6.3～1.6μm，但生产率高，适用于一般精度的螺纹，或作为精密螺纹的预加工。

按铣刀结构的不同，铣削螺纹有以下两种方式。

1. 盘形铣刀铣削螺纹

如图 8-12 所示，铣削时铣刀轴线与工件轴线倾斜成 γ 角，铣刀作快速旋转运动，同时工件与刀具作相对的螺旋进给运动，即工件每旋转一周，铣刀（或工件）沿工件轴向移动一个导程，这种方法加工精度不高，适合于粗加工丝杠等大螺距的长梯形螺纹。

2. 梳形螺纹铣刀铣削螺纹

如图 8-13 所示，铣削时铣刀除旋转外，还缓慢地进行轴向移动。工件每转一周，铣刀沿轴向移动一个导程，当工件转一周多一点时，就可以切出全部螺纹，故生产率高。梳形螺纹铣刀可看成是若干个盘形铣刀的组合，常在专用的螺纹铣床上加工短而螺距不大的三角形内、外侧柱螺纹和紧靠轴肩的螺纹，但加工精度不高。

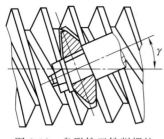

图 8-12　盘形铣刀铣削螺纹

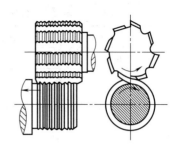

图 8-13　梳形螺纹铣刀铣削螺纹

3. 攻螺纹和套螺纹

攻螺纹是用丝锥加工内螺纹。对于小尺寸的内螺纹，攻螺纹几乎是唯一的加工方法。单件小批生产时，由工人用丝锥攻螺纹；当批量较大时，可在车床、钻床或攻螺纹机上用机用丝锥攻螺纹。

套螺纹是用板牙加工外螺纹。套螺纹时，受板牙结构尺寸的限制，螺纹直径一般为 1～52mm。套螺纹可手工操作，也可在机床上进行操作。

攻螺纹和套螺纹加工精度较低，主要用于制造精度要求不高的、直径较小的普通连接螺纹。

4. 滚压螺纹

滚压螺纹是一种无切削加工方法。坯件在滚压工具的压力作用下产生塑性变形而形成螺纹，材料的纤维未被切断，因而强度和硬度都得到相应的提高。滚压螺纹生产率高，适用于大批量生产中加工外螺纹。螺纹滚压方法有搓丝板滚压和滚丝轮滚压两种。

二、攻螺纹

(一) 攻螺纹前钻孔直径、钻孔深度和丝锥的确定

1. 钻孔直径的确定

攻螺纹前，钻孔直径的确定是切削螺纹的关键。钻孔直径的选择是否适当，对于攻螺纹操作的效率和螺纹使用寿命有密切的关系。钻孔直径过大，就不能攻出螺纹或者螺纹牙深度不够，从而削弱了螺纹的使用强度，或产生废品；钻孔直径过小，攻螺纹时丝锥就会被卡住，造成切削困难，甚至发生丝锥折断的危险。

从图 8-14 中可以看出，丝锥在孔内切削时的工作情况：它一方面切下了切屑，另一方面也把材料挤压上来，嵌到螺牙里去，从周围向丝锥挤压。如果攻螺纹前钻孔直径选择得太小，就会把丝锥卡住。因此，在钻孔时选择的钻头直径要大于螺纹小径。钻孔直径可参考表 8-2～表 8-4。

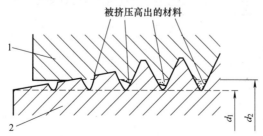

图 8-14　切螺纹时的挤压现象

d_1—丝锥螺纹小径；d_2—工件钻孔直径；1—工件；2—丝锥

表 8-2　公制螺纹钻底孔使用的钻头直径尺寸表　　　　　　　　　mm

公称直径(d)	螺距(t)		钻头直径(d₂)	公称直径(d)	螺距(t)		钻头直径(d₂)
1	粗	0.25	0.75		粗	2.5	15.4
	细	0.2	0.8	18	细	2	15.9
2	粗	0.4	1.6			1.5	16.5
	细	0.25	1.75			1	17
3	粗	0.5	2.5		粗	2.5	17.4
	细	0.35	2.65	20	细	2	17.9
4	粗	0.7	3.3			1.5	18.5
	细	0.5	3.5			1	19
5	粗	0.8	4.2		粗	2.5	19.4
	细	0.5	4.5	22	细	2	19.7
6	粗	1	5			1.5	20.5
	细	0.75	5.2			1	21
8	粗	1.25	6.7		粗	3	20.9
	细	1	7	24	细	2	21.9
		0.75	5.2			1.5	22.5
10	粗	1.5	8.5			1	23
	细	1.25	8.7		粗	3	23.9
		1	9	27	细	2	24.9
		0.75	9.2			1.5	25.5
12	粗	1.75	10.2			1	26
	细	1.5	10.5		粗	3.5	26.3
		1.25	10.7	30	细	3	26.9
		1	11			2	27.9
14	粗	2	11.9			1.5	28.5
	细	1.5	12.5			1	29
		1.25	12.7		粗	3.5	29.3
		1	13	33	细	3	29.9
16	粗	2	13.9			2	30.5
	细	1.5	14.5			1.5	31.5
		1	15		粗	4	31.8
				36	细	3	32.9
						2	33.9
						1.5	34.5

表 8-3　英制螺纹钻底孔使用的钻头直径尺寸表

公称直径/in	每英寸牙数	钻头直径/mm		公称直径/in	每英寸牙数	钻头直径/mm	
		铸铁、青铜	钢、黄铜			铸铁、青铜	钢、黄铜
3/16	24	3.7	3.7	7/8	9	19.1	19.3
1/4	20	5.0	5.1	1	8	21.9	22
5/16	18	6.4	6.5	1⅛	7	24.6	24.7
3/8	16	7.8	7.9	1¼	7	27.8	27.9
7/16	14	9.1	9.3	1½	6	33.4	33.5
1/2	12	10.4	10.5	1⅝	5	35.7	35.8
9/16	12	12	12.1	1¾	5	38.9	39
5/8	11	13.3	13.5	1⅞	4¼	41.4	41.5
3/4	10	16.3	16.4	2	4¼	44.6	44.7

表 8-4　管螺纹钻底孔使用钻头直径尺寸表

公称直径 /in	每英寸牙数	钻头直径 /mm	公称直径 /in	每英寸牙数	钻头直径 /mm
1/8	28	8.8	1	11	30.5
1/4	19	11.7	1⅛	11	35.2
3/8	19	15.2	1¼	11	39.2
1/2	14	18.9	1⅜	11	41.6
5/8	14	20.8	1½	11	45.1
3/4	14	24.3	1¾	11	51
7/8	14	28.1	2	11	57

攻螺纹前，钻孔直径可按下列公式选取。

① 攻公制螺纹：

$t < 1$ 时：$d_2 = d - t$

$t > 1$ 时：$d_2 = d - (1.04 \sim 1.06)t$

式中，d 为螺纹公称直径；t 为螺距；d_2 为钻头直径

【例】　攻 M10 螺纹，求钻头直径 d_2。

【解】　代入上式：$d_2 = d - 1.04t = 10 - 1.04 \times 1.5 = 10 - 1.56 \approx 8.4$（mm）。

② 攻英制螺纹：

d 为 3/16～5/8in：材料为铸铁与青铜时，$d_2 = 25(d - 1/n)$

材料为钢与黄铜时，$d_2 = 25(d - 1/n) + 0.1$

d 为 3/4～11/2in：材料为铸铁与青铜时，$d_2 = 25(d - 1/n)$

材料为钢与黄铜时，$d_2 = 25(d - 1/n) + 0.2$

式中，d_2 为钻头直径；d 为螺纹公称直径；n 为每英寸牙数。

【例】　攻 3/8in 直径英制螺纹，材料为铸铁，每英寸牙数为 16，求攻螺纹前钻头直径 d_2。

【解】　代入上式：$d_2 = 25\left(d - \dfrac{1}{n}\right) = 25 \times \left(\dfrac{3}{8} - \dfrac{1}{16}\right) \approx 7.8$（mm）

2. 钻孔深度的确定

在攻制不通孔的螺纹时，由于丝锥起切削刃部分不能达到螺纹尺寸要求，但这个部分占了一定的高度，因此要达到图纸要求攻牙的深度，就必须再加上其起削刃部分的高度，这个高度大约是螺纹外径的 0.7 倍。即：

$$h_1 = h + 0.7d$$

式中，h_1 为钻孔深度；h 为螺纹需要的深度；d 为螺纹公称直径。

【例】　螺纹外径 $d = 10\text{mm}$，螺纹需要的深度 $h = 20\text{mm}$，求钻孔深度 h_1。

【解】　代入上式：$h_1 = h + 0.7d = 20 + 0.7 \times 10 = 27$（mm）

3. 丝锥的确定

① 严格按图纸中螺纹规格选用合适的丝锥。

② 丝锥柄部写有螺纹公称直径 d，但小的丝锥（如 M2）的螺纹外径（公称直径）是做成等于或略小于柄部直径的。假如要攻的螺纹深度比丝锥工作部分长或要攻至通孔，则丝锥在工作部分都进入工件以后，便因为柄部大小与工作部分大小一样且没有切削刃而不能继续攻螺纹。若使用该丝锥继续强行攻螺纹，则丝锥便会断在工件里。此时要选用柄部经过砂轮

磨制、其柄直径小于螺纹小径 d_1 的特殊小丝锥，以完成深螺纹或通孔螺纹的攻制。

③ 在使用大的丝锥（如 M10）攻通孔的螺纹时，必须先用头攻（头锥）先切削试攻。因为丝锥工作部分（螺纹的外径与小径）比柄部粗，所以应该把整条丝锥正转，从攻螺纹的孔另一端旋出，使整个通孔的螺纹牙形合格、可用。

（二）外螺纹大径的确定

螺纹大径是根据材料性质决定的，由于切削时也有挤压，因此圆杆直径亦应小于螺纹外径。其具体数据可参考表 8-5。

表 8-5 圆杆直径的确定

公制螺纹				英制螺纹			管制螺纹		
螺纹规格/mm	螺距/mm	大径的加工尺寸/mm		螺纹直径/in	大径的加工尺寸/mm		螺纹直径/in	大径的加工尺寸/mm	
		最小	最大		最小	最大		最小	最大
M6	1	5.8	5.8	1/4	5.9	6.0	1/8	9.4	9.5
M8	1.25	7.8	7.9	5/16	7.5	7.6	1/4	12.7	13
M10	1.5	9.75	9.85	3/8	9.1	9.2	3/8	16.2	16.5
M12	1.75	11.76	11.88	1/2	12.1	12.2	1/2	20.7	21.0
M14	2	13.7	13.82	5/8	15.3	15.4	5/8	22.1	22.7
M16	2	15.7	15.82	3/4	18.4	18.5	3/4	25.9	26.2
M18	2.5	17.7	17.82	7/8	21.5	21.6	7/6	29.7	30
M20	2.5	19.72	19.86	1	24.6	24.8	1	32.7	33
M22	2.5	21.72	21.86	1¼	30.5	31	1¼	41.4	41.7
M24	3	23.65	23.79						
M27	3	26.65	26.79						
M30	3.5	29.6	29.74						

三、切削螺纹的操作方法

1. 攻丝操作方法

① 根据螺纹的要求，通过计算或查表确定钻孔直径和深度，然后钻孔。

② 固定被切削螺纹的零件，选择合适的扳手，先用头攻攻螺纹，导出螺纹。丝锥初进孔时，两手用力要轻而均匀，以适当压力和扭力把丝锥切入孔中，这时，要从四个方向用角尺校正丝锥与工件表面的垂直度（也可以用螺母旋入丝锥，丝锥进孔后，便可检查螺母平面各个方向与工件表面距离是否一致，以检查螺纹垂直度）。当丝锥正确导入了孔内进行切削时，就不必再使用压力，只施旋转扭力就行了，如图 8-15 所示。

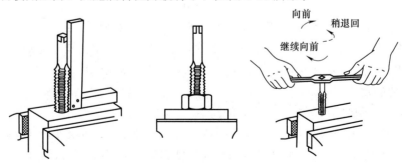

(a) 用直角尺检查丝锥的垂直度   (b) 用螺母检查丝锥的垂直度   (c) 攻螺纹的操作

图 8-15 攻螺纹操纵方法

③ 在右旋螺纹的攻螺纹过程中，旋扭的方向不时正转（顺时针方向）和倒转（逆时针方向），一般每正转 1/2～1 圈就倒转 1/4～1/2 圈，以使切屑切断并从出屑槽中排出。

④ 要经常旋出丝锥进行孔内清屑，丝锥顶底时不能过于用力旋扭，以防止丝锥在过大的扭力下折断。

⑤ 使用头攻切削完后，继续用二攻、三攻。在加工较硬的金属材料或铜时，特别要注意使用丝锥的次序，且要施用润滑冷却液。当出现旋扭回应力（即不能再前进，感觉扳手有弹性）时就要停止用力，退出并换另一丝锥，以防丝锥折断。

⑥ 当工作孔周围不能容纳一般扳手攻螺纹时，可采用丁字扳手。丁字扳手套杆较长，操作时要特别小心，要保持扭矩平行，并要经常倒后转动，以消除切屑阻塞现象。

2. 板牙操作方法

① 根据螺纹大小选择圆杆直径，并在要铰牙一端倒斜角，以便套扣。

② 圆杆要夹持牢固，圆板牙套上圆杆后，应垂直于圆杆中心，两手均匀地施以一定的压力，进行旋扭，如图 8-16 所示。

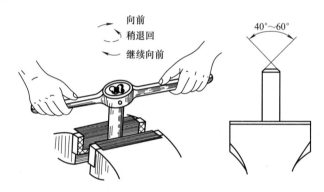

图 8-16　板牙的操作方法

③ 圆板牙在圆杆切削出几个螺纹后，已导出了正确方向，就不再需要施以压力，只需扭力，同时注意经常进行倒转（逆时针方向），用以断屑，并施加润滑冷却液。

3. 机械攻螺纹

切削螺纹时，刀具的运动不是靠手来操作的，而是借助机械来完成的。机械切螺纹是用丝锥在专用攻螺纹机或减速的钻床、手电钻、风钻上进行的。

用机械攻螺纹时，注意丝锥与孔轴线不能倾斜。为了防止丝锥折断，还要装上丝锥保险夹头，如图 8-17 所示。丝锥保险夹头是利用摩擦力原理，在里面装上几块内、外摩擦片（内摩擦片与夹头插尾用滑键相连，外摩擦片与外壳相连，丝锥套在外壳上），当丝锥在切削时遇到较大切削阻力时，内摩擦片与外摩擦片之间会出现打滑现象，丝锥就不能转动了。

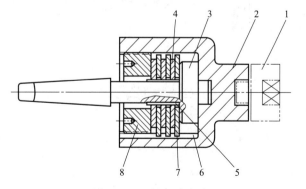

图 8-17　丝锥保险夹头

1—安放丝锥的夹头；2—夹头体；3—插尾；4—内摩擦片；
5—连接内摩擦片和插尾的滑键；6—夹头体上的沟槽；
7—有凸爪在沟槽的外摩擦片；8—调节摩擦片压力的螺母

4. 冷却液的选择

用丝锥和圆板牙进行切削螺纹时，经常注入冷却润滑液，既可以减少切削螺纹过程中的阻力，又可提高螺纹的光洁度和延长丝锥、圆板牙的使用寿命。冷却润滑液的选择主要根据加工材料的性质而定，加工钢料一般采用肥皂水；加工铜料、铝料一般也用肥皂水或者煤油冷却。

5. 取出断杆丝锥的方法

用丝锥攻螺纹的时候，由于不小心、扭力不均匀、强行正转，把丝锥折断在孔内，尤其是 M10 以下的小直径的丝锥，是比较容易折断的。如果不把折断在孔内的丝锥取出，就会影响机械装配工作，甚至使工件变成废品。因此，我们应该尽量设法取出丝锥。以下介绍几种取出断丝锥的方法，如图 8-18 所示。

① 找一根与断丝锥直径大小相当的钢管，在管口上锉出若干个叉（视丝锥出屑槽数量而定），经淬硬后把钢管插入孔内，使叉尖插到断丝锥出屑孔内，然后转动钢管，拧出断丝锥。

② 若在切通孔螺纹时折断丝锥，则可用两根细钢条（钢条的直径根据断丝锥出屑槽的大小而定）对称地插在断丝锥出屑槽内，向反螺纹方向旋转，拧出断丝锥。

③ 用中心冲或小錾尖顶在断丝锥出屑槽壁，以适当的锤击力（这时可采用手挥锤）向逆时针方向（以右旋的螺纹为例）敲击，使断丝锥逐渐退出。

④ 在断丝锥孔的周围加热，使工件材料产生热膨胀，然后用钢丝钳拧出断丝锥。这个方法适用于断丝锥露出材料外的情况。

⑤ 对断丝锥进行喷灯退火，使它变软，然后用小直径钻头钻孔攻切螺纹（螺纹旋向与断丝锥旋向相反），用螺钉旋出断丝锥。这个方法适用于直径较大的断丝锥。

⑥ 以上五种方法都不能取出断丝锥时，视工件的价值和用途，在条件允许的情况下，可采用电火花击碎断丝锥然后取出。

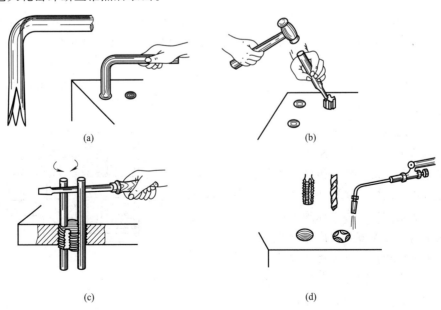

(a)   (b)

(c)   (d)

图 8-18 几种取出丝锥的方法

【案例分析】

1. 任务引入

该案例选择落料冲孔模，模具的结构如图 8-19 所示。该模具结构中很多零件的加工涉及划线、攻螺纹，选择其中零件 8 中凸模固定板作为攻螺纹案例。

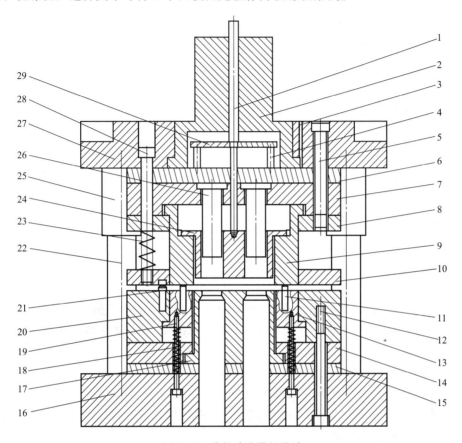

图 8-19　落料冲孔模的设计

1—打杆；2—模柄；3—固定销；4—连接杆；5—上螺钉；6—盖板；7—小凸模固定板；8—中凸模固定板；
9—大凸模；10—大凸模卸料板；11—导料销；12—下螺钉；13—大凹模；14—小凸凹模固定板；15—垫板；
16—下模板；17—小凸凹模；18—小弹簧；19—小螺钉；20—下模盖板；21—挡料销；22—导柱；
23—弹簧；24—小凸模压导板；25—导套；26—小凸模；27—上模板；28—上小螺钉；29—小挡板

为了进一步简化零件 8 的结构，图 8-20 只画出了其中关于螺纹结构的部分，内部的凹孔结构省略不画。

2. 任务分析

学生认真阅读图纸，确定模板上 4 个 M12 的螺纹孔为手工制作任务，按要求查表制订工艺方案，并操作得到形位、尺寸精度符合要求的零件。

3. 螺孔的加工方法

（1）备料并检查坯料尺寸，切割 Q235 钢板 210mm×210mm，作为模板加工原料。

（2）按六面体加工法，依次加工外体，达到形位、尺寸要求。基本步骤如下：

① 粗、精锉六面体第一面（基准面），达到表面粗糙度 $Ra3.2\mu m$ 等要求。

② 粗、精锉第一面的对面，以第一面为基准，划出 170mm 加工线，然后再锉削，达到

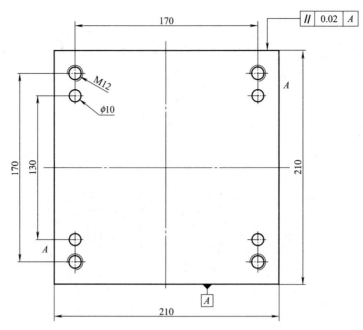

图 8-20　中凸模固定板

图样要求。

③ 粗、精锉第三面，同时保证尺寸、平面度、垂直度及表面粗糙度等要求。

④ 粗、精锉第三面的对面。以第三面为基准，划出 170mm 加工线，然后再锉削，达到图样要求。

⑤ 全部精度复检，并做必要的修整，锐边去毛刺、倒钝。

（3）划线，打好底孔样冲并计算底孔孔径。

（4）根据计算底孔直径选用钻头并钻削底孔，必须保证底孔与孔面的垂直度。

（5）攻螺纹底孔孔口倒角。

（6）攻 M12 螺纹，并用相应的螺钉进行配检。

（7）去毛刺，做好标记。

思考与练习

1．攻不通孔螺纹为什么不能攻到底？怎样确定孔深？

2．攻螺纹，套螺纹时为什么要倒角？

3．攻 M16 螺母和套 M16 螺栓时，螺母的底孔直径和螺栓的预加工直径是否相同？为什么？

4．攻螺纹时为什么要经常反转？

5．有一铸铁件需要攻制 M16 深 30mm 的螺纹，螺距为 2mm，需用多大钻头钻孔？盲孔应钻多深？

项目考核

模板上螺纹孔的手工制作

工作任务	攻螺纹
工作任务 描　述	通过对模板零件中螺纹孔的加工,训练学生计算螺纹底孔的尺寸,练习丝锥的使用方法,并能正确加工出模板的螺纹孔
使用工具	钻床、钻头、铰刀、扳柄、丝锥
学习目标	技能点： ①会根据图样正确选用丝锥、板牙等工具 ②具备攻螺纹、套螺纹加工操作动手能力 ③具备螺纹加工中常见问题的分析能力和解决能力 知识点： ①掌握丝锥和板牙的有关知识 ②掌握攻螺纹前底孔直径及套螺纹圆杆直径的确定方法 ③掌握攻螺纹和套螺纹的加工方法

【项目评价表】

项目:攻螺纹		班级			
工作任务:模板攻螺纹		姓名		学号	

项目过程评价(100分)

序号	项目及技术要求	评分标准	分值	成绩
1	模板外形尺寸 210mm×210mm	每超出 0.1mm,扣 2 分,总分 10 分	10	
2	加工螺纹孔计算底孔的尺寸	选择钻头尺寸直径为 10.2mm,选错不得分	8	
3	攻螺纹操作动作规范	每错一处扣 2 分	10	
4	上方两螺纹间水平尺寸 170mm	每超出 0.1mm,扣 2 分,总分 8 分	8	
5	上方两螺纹间垂直尺寸 170mm	每超出 0.1mm,扣 2 分,总分 8 分	8	
6	下方两螺纹间水平尺寸 170mm	每超出 0.1mm,扣 2 分,总分 8 分	8	
7	下方两螺纹间垂直尺寸 170mm	每超出 0.1mm,扣 2 分,总分 8 分	8	
8	螺纹与模板表面的垂直度	每超出 0.1mm,扣 2 分,共 4 个螺纹孔,总分 8 分	8	
9	模板外形相对边的平行度	每超出 0.1mm,扣 2 分,总分 10 分	10	
10	螺纹配检	每个螺纹 3 分,共 12 分	12	
11	安全操作及台面清理	根据具体情况进行扣分,扣分不超过 10 分	10	
总评		得分		
		教师签字:	年　月　日	

第九章

模具零件的光整加工

◀◀◀

模具的研磨与抛光是以降低零件表面粗糙度、提高表面形状精度和增加表面光泽为主要目的，属光整加工，可归为磨削工艺大类。研磨与抛光在工作成形理论上很相似，一般用于产品、零件的最终加工。

现代模具成形表面的精度和表面粗糙度要求越来越高，一般的磨削表面不可避免地要留下磨痕、微裂纹等缺陷，这些缺陷对一些模具的精度影响很大，其成形表面一部分可采用超精密磨削加工达到设计要求，但大多数异形和高精度表面大都要进行研磨与抛光加工。

对冲压模具来讲，模具经研磨与抛光后，改善了模具的表面粗糙度，利于板料的流动，减小流动阻力，极大地提高了成形零件的表面质量，特别是对于汽车外覆盖件尤为明显。经研磨刃口后的冲裁模具，可消除模具刃口的磨削伤痕，使冲裁件毛刺大大减少。

塑料模具型腔研磨、抛光后，可以极大地提高型腔表面质量，提高成型性能，满足塑件成型质量的要求，使塑件易于脱模。浇注系统经研磨、抛光后，可降低注射时塑料的流动阻力。另外研磨与抛光可提高模具接合面精度，防止树脂渗漏，防止出现沾污等。

电火花成形的模具表面会有一层薄薄的变质层，变质层上许多缺陷需要用研磨与抛光去除。另外研磨与抛光还可改善模具表面的力学性能，减少应力集中，增加型面的疲劳强度。

第一节　模具零件的研磨加工

一、研磨的基本原理与分类

研磨是一种微量加工的工艺方法，借助于研具与研磨剂（一种游离的磨料），在工件的被加工表面和研具之间产生相对运动，并施以一定的压力，从工件上去除微小的表面凸起层，以获得很低的表面粗糙度和很高的尺寸精度、几何形状精度等，因此在模具制造中，特别是产品外观质量要求较高的精密压铸模、塑料模、汽车覆盖件模具方面应用广泛。

（一）基本原理

1. 物理作用

研磨时，研具的研磨面上均匀地涂有研磨剂，若研具材料的硬度低于工件，则当研具和工件在压力作用下做相对运动时，研磨剂中具有尖锐棱角和高硬度的微粒，有些会被压嵌入研具表面上产生切削作用（塑性变形），有些则在研具和工件表面间滚动或滑动产生摩擦

（弹性变形）。这些微粒如同无数的切削刀刃，对工件表面产生微量的切削作用，并均匀地从工件表面切去一层极薄的金属。图 9-1 所示为研磨加工模型。同时，钝化了的磨粒在研磨压力的作用下，通过挤压被加工表面的峰点，使被加工表面产生微挤压塑性变形，从而使工件逐渐得到高的尺寸精度和较小的表面粗糙度值。

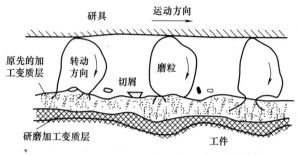

图 9-1　研磨加工模型

2. 化学作用

当采用氧化铬、硬脂酸等研磨剂时，在研磨过程中研磨剂和工件的被加工表面上产生化学作用，生成一层极薄的氧化膜，氧化膜很容易被磨掉。研磨的过程就是氧化膜的不断生成和擦除的过程，如此多次循环反复，使被加工表面的粗糙度值降低。

（二）研磨的应用特点

1. 表面粗糙度值低

研磨属于微量进给磨削，切削深度小，有利于降低工件表面粗糙度值。加工表面粗糙度可达 $Ra0.01\mu m$。

2. 尺寸精度高

研磨采用极细的微粉磨料，机床、研具和工件处于弹性浮动工作状态，在低速、低压作用下，逐次磨去被加工表面的凸峰点，加工精度可达 $0.1\sim0.01\mu m$。

3. 形状精度高

研磨时，工件基本处于自由状态，受力均匀，运动平稳，且运动精度不影响形位精度。加工圆柱体的圆柱度可达 $0.1\mu m$。

4. 改善工件表面力学性能

研磨的切削热量小，工件变形小，变质层薄，表面不会出现微裂纹。同时能降低表面摩擦系数，提高耐磨和耐腐蚀性。研磨零件表层存在残余压应力，这种应力有利于提高工件表面的疲劳强度。

5. 研具的要求不高

研磨所用研具与设备一般比较简单，不要求具有极高的精度，但研具材料一般比工件软，研磨中会受到磨损，应注意及时修整与更换。

（三）研磨的分类

1. 按研磨工艺的自动化程度分

（1）手动研磨

工件、研具的相对运动均用手动操作；加工质量依赖于操作者的技能水平，劳动强度大，工作效率低；适用于各类金属、非金属工件的各种表面；模具成形零件上的局部窄缝、狭槽、深孔、盲孔和死角等部位，仍然以手动研磨为主。

（2）半机械研磨

工件和研具中一个采用简单的机械运动，另一个采用手动操作；加工质量仍与操作者技能有关，劳动强度降低；主要用于工件内、外圆柱面和平面及圆锥面的研磨。模具零件研磨时常用半机械研磨。

（3）机械研磨

工件、研具的运动均采用机械运动；加工质量靠机械设备保证，工作效率比较高；但只能适用于表面形状不太复杂的零件的研磨。

2. 按研磨剂的使用条件分

（1）湿研磨

研磨过程中将研磨剂涂抹于研具表面，磨料在研具和工件间随机地滚动或滑动，形成对工件表面的切削作用；加工效率较高，但加工表面的几何形状和尺寸精度及光泽度不如干研磨，多用于粗研和半精研平面与内、外圆柱面。

（2）干研磨

在研磨之前，先将磨粒均匀地压嵌入研具工作表面一定深度，称为嵌砂。研磨过程中，研具与工件保持一定的压力，并按一定的轨迹做相对运动，实现微切削作用，从而获得很高的尺寸精度和低的表面粗糙度。干研磨时，一般不加或仅涂微量的润滑研磨剂；一般用于精研平面，生产效率不高。

（3）半干研磨

采用糊状研磨膏，类似湿研磨；研磨时，根据工件加工精度和表面粗糙度的要求，适时地涂敷研磨膏；各类工件的粗、精研磨均适用。

二、研磨工艺

（一）研磨工艺参数

1. 研磨压力

研磨压力是研磨表面单位面积上所承受的压力（单位是 MPa）。在研磨过程中，随着工件表面粗糙度值的不断降低，研具与工件表面接触面积在不断增大，则研磨压力逐渐减小。研磨时，研具与工件的接触压力应适当。若研磨压力过大，则会加快研具的磨损，使研磨表明粗糙度增高，影响研磨质量；反之，若研磨压力过小，则会使切削能力降低，影响研磨效率。

研磨压力的范围一般为 0.01～0.5MPa。手工研磨时的研磨压力为 0.01～0.2MPa，精研时的研磨压力为 0.01～0.05MPa；机械研磨时，压力一般为 0.01～0.3MPa。当研磨压力为 0.04～0.2MPa 时，对降低工件表面粗糙度值效果显著。

2. 研磨速度

研磨速度是影响研磨质量和效率的重要因素之一。在一定范围内，研磨速度与研磨效率成正比。但研磨速度过高时，会产生较高的热量，甚至会烧伤工件表面，使研具磨损加剧，从而影响加工精度。一般粗研磨时，宜用较高的压力和较低的速度；精研磨时则用较低的压力和较高的速度。这样可提高生产效率和加工表面质量。

选择研磨速度时，应考虑加工精度、工件材料、硬度、研磨面积和加工方式等多方面因素。一般研磨速度应在 10～150m/min 范围内选择，精研速度应在 30m/min 以下。手工粗研磨时为每分钟 40～60 次的往复运动；精研磨时为每分钟 20～40 次的往复运动。

3. 研磨余量的确定

零件在研磨前的预加工质量与余量，将直接影响到研磨加工时的精度与质量。由于研磨加工只能研磨掉很薄的表面层，因此，零件在研磨前的预加工，需有足够的尺寸精度、几何形状精度和表面粗糙度。对于表面积大或形状复杂且精度要求高的工件，研磨余量应取较大值。预加工的质量高，则研磨余量取较小值。研磨余量的大小还应结合工件的材质、尺寸精度、工艺条件及研磨效率等来确定。研磨余量尽量小，一般手工研磨的研磨余量不大于 $10\mu m$，机械研磨的研磨余量也应小于 $15\mu m$。

4. 研磨效率

研磨效率以每分钟研磨去除表面层的厚度来表示。工件表面的硬度越高，研磨效率越低。对于一般淬火钢，研磨效率为 $1\mu m/min$；对于合金钢为 $0.3\mu m/min$；对于超硬材料为 $0.1\mu m/min$。通常在研磨的初期阶段，工件几何形状误差的消除和表面粗糙度的改善较快，而后则逐渐减慢，效率下降。这与所用磨料的粒度有关，磨粒粗，切削能力强，研磨效率高，但所得研磨表面质量低；磨粒细，切削能力弱，研磨效率低，但所得研磨表面质量高。因此，为提高研磨效率，选用磨料粒度时，应从粗到细分级研磨，循序渐进地达到所要求的表面粗糙度。

（二）研具

研具是研磨剂的载体，使游离的磨粒嵌入研具工作表面发挥切削作用。磨粒磨钝时，由于磨粒自身部分碎裂或结合剂断裂，磨粒从研具上局部或完全脱落，而研具工作面上的磨料不断出现新的切削刃口，或不断露出新的磨粒，使研具在一定时间内能保持切削性能要求。同时研具又是研磨成形的工具，自身具有较高的几何形状精度，并将其按一定的方式传递到工件上。

1. 研具的材料

（1）灰铸铁

晶粒细小，具有良好的润滑性；硬度适中，磨耗低；研磨效果好；价廉易得，应用广泛。

（2）球墨铸铁

比一般铸铁容易嵌存磨料，可使磨粒嵌入牢固、均匀，同时能增加研具的耐用度，可获得高质量的研磨效果。

（3）软钢

韧性较好，强度较高；常用于制作小型研具，如研磨小孔、窄槽等。

（4）各种有色金属及合金

材质较软，表面容易嵌入磨粒，适宜做软钢类工件的研具，如铜、黄铜、青铜、锡、铝、铅锡金等。

（5）非金属材料

除玻璃以外，其他材料质地较软，磨粒易于嵌入，可获得良好的研磨效果，如木、竹、皮革、毛毡、纤维板、塑料、玻璃等。

2. 研具种类

（1）研磨平板

用于研磨平面，有带槽的和无槽的两种类型。带槽的用于粗研，无槽的用于精研，模具零件上的小平面，常用自制的小平板进行研磨，如图 9-2 所示。

（2）研磨环

主要研磨外圆柱表面，如图 9-3 所示。研磨环的小径比工件的外径大 0.025～0.05mm，当研磨环小径磨大时，可通过外径调解螺钉使调节圈的小径缩小。

（3）研磨棒

主要用于圆柱孔的研磨，分固定和可调式两种，如图 9-4 所示。固定式研磨棒制造容易，但磨损后无法补偿。研磨棒分有槽的和无槽的两种结构，有槽的用于粗研，无槽的用于精研。当研磨环的内孔和研磨棒的外圆做成圆锥形时，可用于研磨内、外圆锥表面。

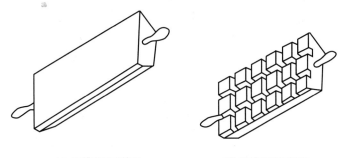

(a) 无槽的用于精研　　　　　(b) 带槽的用于粗研

图 9-2　研磨平板

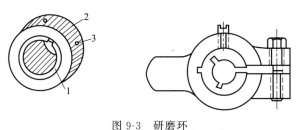

图 9-3　研磨环

1—调节圈；2—外环；3—调节螺钉

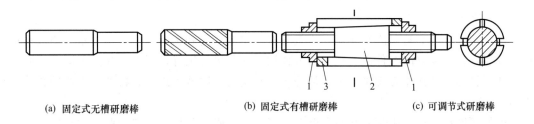

(a) 固定式无槽研磨棒　　　　(b) 固定式有槽研磨棒　　　　(c) 可调节式研磨棒

图 9-4　研磨棒

1—调节螺钉；2—锥度芯棒；3—开槽研磨套

3. 研具硬度

研具是磨具大类里的一类特殊工艺装备，它的硬度定义仍沿用磨具硬度的定义。磨具硬度是指磨粒在外力作用下从磨具表面脱落的难易程度，反映结合剂把持磨粒的强度。磨具硬度主要取决于结合剂加入量的多少和磨具的密度。磨粒容易脱落的表示磨具硬度低；反之，表示硬度高。研具硬度的等级一般分为超软、软、中软、中、中硬、硬和超硬 7 大级。从这些等级中还可再细分出若干小级。测定磨具硬度的方法，较常用的有手锥法、机械锥法、洛氏硬度计测定法和喷砂硬度计测定法。在研磨切削加工中，若被研工件的材质硬度高，则一般选用硬度低的磨具；反之，则选用硬度高的磨具。

（三）常用的研磨剂

研磨剂是由磨料、研磨液及辅料按一定比例配制而成的混合物。常用的研磨剂有液体和固体两大类。液体研磨剂由研磨粉、硬脂酸、煤油、汽油、工业用甘油配制而成；固体研磨剂是指研磨膏，由磨料和无腐蚀性载体（如硬脂酸、肥皂片、凡士林等）配制而成。

磨料的选择一般要根据所要求的加工表面粗糙度来选择，从研磨加工的效率和质量来说，要求磨料的颗粒要均匀（磨料尺寸大小以微米为单位表示，如 W28 表示磨粒的尺寸为 $20\sim28\mu m$）。粗研磨时，为了提高生产率，用较粗的粒度，如 W28～W40；精研磨时，用较细的粒度，如 W5～W27；精细研磨时，用更细的粒度，如 W1～W3.5。

1. 磨料

磨料的种类很多，表 9-1 所示为常用的磨料种类及其应用范围。

表 9-1　常用的磨料种类及其应用范围

系　　列	磨料名称	颜　　色	应 用 范 围
氧化铝系	棕刚玉	棕褐色	粗、精研钢、铸铁及青铜
	白刚玉	白色	粗研淬火钢、高速钢及有色金属
	铬刚玉	紫红色	研磨低粗糙度表面、各种钢件
	单晶刚玉	透明、无色	研磨不锈钢等强度高、韧性大的工件
碳化物系	黑色碳化硅	黑色半透明	研磨铸铁、黄铜、铝等材料
	绿色碳化硅	绿色半透明	研磨硬质合金、硬铬、玻璃、陶瓷、石材等材料
	碳化硼	灰黑色	研磨硬质合金、陶瓷、人造宝石等高硬度材料
超硬磨料系	天然金刚石	灰色至黄白色	研磨硬质合金、人造宝石、玻璃、陶瓷、半导体材料等高硬度难加工材料
	人造金刚石		
	立方氮化硼	琥珀色	研磨硬度高的淬火钢、高钒高钼高速钢、镍基合金钢等
软磨料系	氧化铬	深红色	精细研磨或抛光钢、淬火钢、铸铁、光学玻璃及单晶硅等，氧化铈的研磨抛光效率是氧化铁的 1.5～2 倍
	氧化铁	铁红色	
	氧化铈	土黄色	
	氧化镁	白色	

2. 研磨液

研磨液主要起润滑和冷却作用，应具备有一定的黏度和稀释能力；表面张力要低；化学稳定性要好，对被研磨工件没有化学腐蚀作用；能与磨粒很好地混合，易于沉淀研磨脱落的粉尘和颗粒物；对操作者无害，易于清洗等。常用的研磨液有煤油、机油、工业用甘油、动物油等。

此外研磨剂中还会用到一些在研磨时起到润滑、吸附等作用的混合脂辅助材料。

第二节　模具零件的抛光加工

抛光是利用柔性抛光工具和微细磨料颗粒或其他抛光介质对工件表面进行的修饰加工，去除前工序留下的加工痕迹（如刀痕、磨纹、麻点、毛刺等）。抛光不能提高工件的尺寸精度或几何形状精度，而是以得到光滑表面或镜面光泽为目的，有时也用以消除光泽（消光处理）。抛光与研磨的机理是相同的，人们习惯上把使用硬质研具的加工称为研磨，而把使用软质研具的加工称为抛光。

一、抛光工具

（一）手工抛光工具

1. 平面用抛光器

平面用抛光器主要用于模具零件的平面抛光。

（1）手工平面抛光器的结构

如图 9-5 所示的是用硬木、皮革和绒布制成的平面抛光工具。抛光器手柄的材料为硬木，在抛光器的研磨面上用刀刻出大小适当的凹槽，在离研磨面稍高的地方刻出用于缠绕布类制品的止动凹槽。

（2）平面抛光器的使用

① 粗研加工：进行研磨加工时，只需将研磨膏涂在抛光器的研磨面上进行研磨加工即可。

② 使用极细的超微粉（如 W1）进行抛光加工：可将人造皮革缠绕在研磨面上，再把磨粒放在人造皮革上并以尼龙布缠绕，用铁丝沿止动凹槽捆紧后进行抛光加工。

 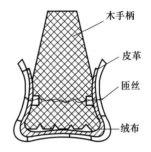

木手柄

皮革

匝丝

绒布

图 9-5　平面手工抛光器

③ 若使用更细的磨料进行抛光，则可把磨料放在经过尼龙布包扎的人造皮革上，再用粗料棉布或法兰绒包扎后，进行抛光加工。

原则上是磨粒越细，采用越柔软的包卷用布。每一种抛光器只能使用同种粒度的磨粒。各种抛光器不可混放在一起，应使用专用密封容器保管。

2. 球面用抛光器

如图 9-6 所示，球面用抛光器的制作方法与平面用抛光器基本相同。

抛光凸形工件用研磨面时，抛光器的曲率半径一定要比工件曲率半径大 3mm，即 $r>R$。抛光凹形工件的研磨面时，抛光器的曲率半径应比工件曲率半径小 3mm，即 $r<R$。

3. 自由曲面用抛光器

对于平面或球面的抛光作业，其研磨面和抛光器是保持密接的位置关系，故不在乎抛光器的大小。但是自由曲面是呈连续变化的，使用太大的抛光器时，如果结构形状选择得不合理，就会损伤工件表面的形状，如图 9-7（a）所示。因此，对于自由曲面应使

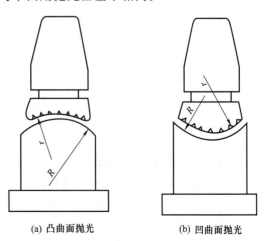

(a) 凸曲面抛光　　(b) 凹曲面抛光

图 9-6　球面抛光

用小型抛光器进行抛光，抛光越小，越容易模拟自由曲面的形状，如图 9-7 （b） 所示。

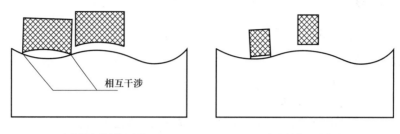

(a) 宽大抛光器相互干涉   (b) 窄小抛光器适应性强

图 9-7　自由曲面抛光

（二）电动抛光工具

1. 电动抛光工具的种类

常用的电动抛光工具种类如图 9-8 所示。

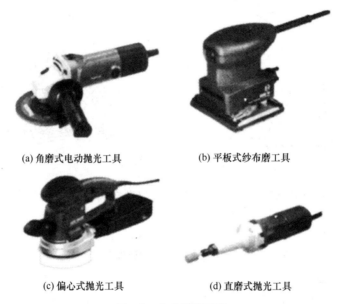

(a) 角磨式电动抛光工具   (b) 平板式纱布磨工具

(c) 偏心式抛光工具   (d) 直磨式抛光工具

图 9-8　电动抛光工具

2. 电动抛光工具的应用

电动抛光工具主要是以交流电作为抛光动力，与气动抛光机比较相对转速较低，与各种形状的磨头（盘）连接，可完成平面、凸凹曲面模具零件的磨光加工；与各种抛光轮连接，可完成模具的平面、曲面以及各种成型面的抛光加工。如图 9-8 （a）～（c）所示的 3 种抛光工具主要用于平面的磨光和抛光；如图 9-8 （d） 所示的抛光工具能灵活地完成各种凸、凹曲面的抛光加工。

3. 电动抛光工具的使用方法

由于模具工作零件型面的手工研磨、抛光工作量大，因此，在模具行业中已经大量应用了电动抛光工具，以提高抛光效率和降低劳动强度。常用的抛光方法如下：

① 加工面为平面或曲率半径较大的规则面时，采用手持角式旋转研抛头或手持直身式旋转研抛头，配用铜环，将抛光膏涂在工件上进行抛光加工。

② 加工面为小曲面或复杂形状的型面时，采用手持往复式研抛头，配用铜环，将抛光膏涂在工件上进行抛光加工。

③ 新型抛光磨削头。它是采用高分子弹性材料制成的一种新型磨削头，这种磨削头具有微孔海绵状结构，磨料均匀，弹性好，可以直接进行镜面加工。使用时磨削力均匀，产热少，不易堵塞，能获得平滑、光洁、均匀的表面。弹性磨料配方有多种，分别用于磨削各种材料。磨削头在使用前，可用砂轮修整成各种需要的形状。

（三）气动式抛光工具

气动式抛光工具与电动抛光机相比较，是以压缩空气为动力的高速抛光工具，一般可达到 $10000 \sim 30000 r/min$，它是与磨轮（头）和抛光轮连接完成模具零件的磨光、抛光加工的，如图 9-9 所示。

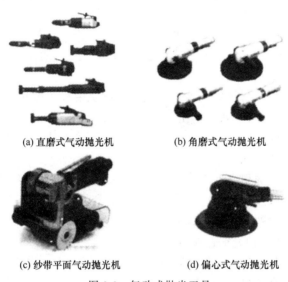

(a) 直磨式气动抛光机　　　　　(b) 角磨式气动抛光机

(c) 纱带平面气动抛光机　　　　(d) 偏心式气动抛光机

图 9-9　气动式抛光工具

图 9-9（a）所示气动抛光机用于曲面、成型面以及沟槽等表面的磨光和抛光加工；图 9-9（b）～（d）所示气动抛光机用于平面的抛光加工。

气动刻磨笔主要用于加工模具成型表面上的文字、饰纹，以及细小沟槽和成型表面的修切、刻磨与抛光加工，如图 9-10 所示。

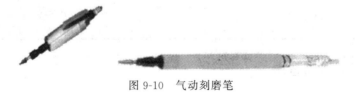

图 9-10　气动刻磨笔

二、抛光工艺

（一）影响可抛光性的因素

抛光可达到的表面粗糙度值取决于下面 3 个因素：

1. 抛光工艺要求

抛光是工件的最后一道精加工工序，对研磨的工艺要求同样适用于抛光。

2. 模具工作零件的钢材等级或材质

钢材中所含的杂质有不理想的成分。要改善模具钢的性能,可采用真空抽气冶炼法和电炉去杂质冶炼法。在模具制造中,大部分用的是优质碳素工具钢和合金钢。

3. 钢材的热处理

模具钢的硬度越高则越难进行研磨和抛光,但是较硬的模具钢可以得到较低的表面粗糙度值。因此,可以通过提高模具钢的淬火硬度来提高钢材的可抛光性。

(二) 抛光的工艺步骤及操作要点

1. 抛光的工艺步骤

进行精细研磨去除机械加工工序剩下的加工痕迹—根据模具零件的材质和抛光要求选择使用抛光膏—根据模具零件的结构工艺性要求选择抛光工具—合理选择抛光设备—根据抛光方法的不同,将抛光膏均匀地涂抹在工具或工件表面上—合理选择抛光运动形式和工作压力—从模具零件的角部、凸台、边缘或较难抛光的部位开始进行抛光—根据抛光的工艺进程适时更换抛光工具和抛光膏—使用样块或对比仪检验表面粗糙度改变情况,直至达到工艺要求。

2. 抛光加工的工艺要点

① 抛光工具的选择:先用硬质抛光工具抛光,再换用软质抛光工具最终精抛;对于要求尖锐的边缘和棱,应选择使用较硬的抛光工具。

② 确定抛光膏的粒度:选用中硬的抛光工具,先用较粗粒度的抛光膏,再逐步减小抛光膏的粒度进行抛光加工。

③ 在抛光工序中,清洗相当重要。每个抛光工具,只能用同一种粒度的抛光膏。

④ 手抛时,抛光膏涂在工具上;机械抛时,抛光膏涂在工件上。

⑤ 要根据抛光工具的硬度和抛光膏的粒度采用适当的压力。磨粒越细,作用于抛光工具上的压力应越轻,采用的抛光剂也应越稀。

⑥ 最终抛光方向应与塑件的脱模方向或金属塑性成形过程中的金属流动方向一致。

3. 抛光中可能出现的工艺问题及解决方法

抛光加工中的工艺问题分析和解决方法如表 9-2 所示。

表 9-2　抛光加工中的工艺问题分析和解决方法

工艺问题	产生原因	解决办法
橘皮现象	抛光压力过大 抛光时间过长 工件材料质软	适当控制抛光压力 适当控制抛光时间 选用渗氮处理提高硬度或对于较软的材料选用较软的工具
表面针孔	材料中杂质含量大 使用氧化铝抛光膏	选择使用优质合金材料 在适当的压力下做最短时间的抛光

三、其他研磨抛光方法

1. 化学抛光

化学抛光是让材料在化学介质中,使表面微观凸出的部分较微观凹坑部分优先溶解,从而得到平滑面。这种方法的主要优点是不需复杂设备,可以抛光形状复杂的工件,可以同时抛光很多工件,效率高。化学抛光的核心问题是抛光液的配制和环境保护。化学抛光得到的表面粗糙度一般为 $Ra10\mu m$。

2. 电解抛光

电解抛光的基本原理与化学抛光相同,即靠选择性的溶解材料表面微小凸出部分,使表面光滑。与化学抛光相比，可以消除阴极反应的影响，效果较好。电化学抛光过程分为两步：第一步，宏观整平，溶解产物向电解液中扩散，材料表面几何粗糙度下降，$Ra>1\mu m$；第二步，微光平整，阳极极化，表面光亮度提高，$Ra<1\mu m$。

3. 磁研磨抛光

磁研磨抛光是利用磁性磨料在磁场作用下形成磨料刷，对工件进行磨削加工。这种方法加工效率高、质量好，加工条件容易控制，工作条件好。采用合适的磨料，表面粗糙度可以达到 $Ra0.1\mu m$。

4. 流体抛光

流体抛光是依靠高速流动的液体及其携带的磨粒冲刷工件表面达到抛光的目的。常用方法有：磨料喷射加工、液体喷射加工、流体动力研磨等。流体动力研磨是由液压驱动，使携带磨粒的液体介质高速往复流过工件表面；介质主要采用在较低压力下流过性好的特殊化合物（聚合物状物质）并掺上磨料制成，磨料可采用碳化硅粉末。

思考与练习

1. 常用的研磨方法有哪些？分别用于什么情况？
2. 常用的抛光方法有哪些？分别用于什么情况？
3. 圆柱形小凸模与模板间的配合如何研磨？需要注意哪些情况？
4. 抛光与研磨有哪些不同作用之处？

项 目 考 核

模具零件表面的抛光及研磨	
工作任务	根据图纸尺寸要求对模具零件表面抛光研磨
工作任务描述	通过研磨模具凹模型腔,训练学生使用平面手工抛光器、直磨式抛光工具,使学生学会选择研磨用材料,学会在研磨过程中利用直角尺测量零件形状的垂直度,利用塞规测量零件间的配合间隙 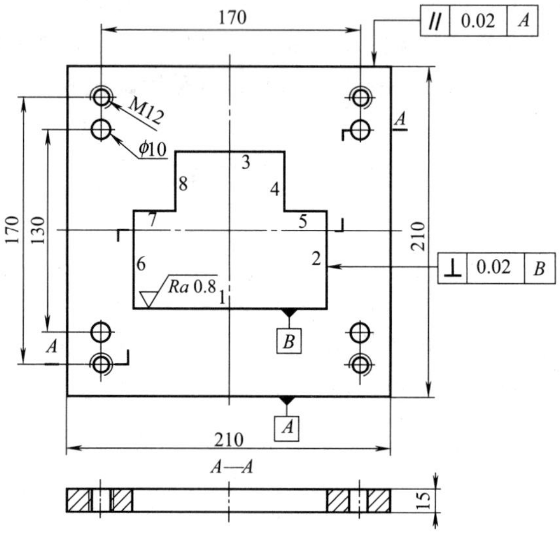
使用工具	平面手工抛光器、直磨式抛光工具、砂纸、直角尺寸、塞尺
学习目标	技能点: ①掌握研磨的操作技能 ②能根据图纸尺寸对模具零件进行精细研磨 ③能根据图纸要求对零件表面进行抛光 知识点: ①掌握研磨和抛光的有关知识 ②掌握研磨的基本原理及常见的研磨方法 ③掌握常见的抛光方法

【实例分析】

1. 任务引入

该案例对图 8-20 所示零件进行进一步加工内部结构,通过研磨抛光达到要求的形位、尺寸精度,操作后的要求如图 9-11 所示。

2. 任务分析

学生认真阅读图纸,确定模板中心 1~8 八个尺寸的形位、尺寸精度,按要求查表制订

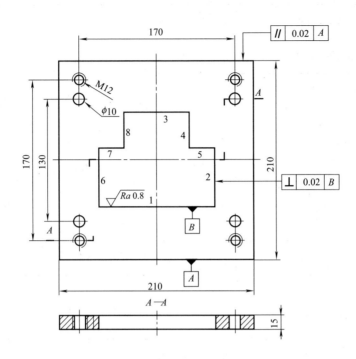

图 9-11　中凸模固定板

工艺方案。

3. 模板的加工工艺方案

（1）锉削平面

① 在划线表面涂抹紫色。

② 按凸模划线。

③ 按划线加工到线。

④ 精加工平面 1。

⑤ 以平面 1 作基准，精加工平面 2，保证与平面 1 垂直。

⑥ 以平面 2 作基准，同时精加工平面 3～5，保证尺寸。

⑦ 以平面 1 作基准，精加工平面 6，保证与平面 1 垂直，保证尺寸。

⑧ 以平面 3、6 作基准，精加工平面 7、8，保证尺寸。

⑨ 将凸模在凹模上放正搭边后，用铜棒轻轻敲打凸模，进入凹模一段打不动时，再退出凸模，这时凹模的配合面就会有明显的硬点痕迹。根据这些痕迹进行精加工，一直到凸模全部通过凹模为止。

（2）热处理

① 凹模淬火后，用磨石按凸模精加工，保证配合间隙。

② 以平面 B 作基准，平磨平面 C，磨出刃口。

③ 以平面 C 作基准，平磨平面 B，保证与平面 C 的平行度。在凸模与凹模的配合加工过程中，始终要注意和保证凸模与凹模的垂直度。

【项目评价表】

项目:模具零件表面的抛光及研磨		班级		
工作任务:模板凹模结构的研磨和抛光		姓名	学号	

项目过程评价(100 分)

序号	项目及技术要求	评分标准	分值	成绩
1	研磨工具选择	研磨工具(砂纸、棉布)选择正确,每错 1 处扣 2 分	8	
2	抛光工具选择	抛光工具选择,每错 1 处扣 2 分	8	
3	1、2 边的垂直度	每超出 0.1mm,扣 2 分,总分 8 分	8	
4	模板凹模尺寸左右的对称度,测量 1、3 两边	每边超出 0.1mm,扣 2 分,总分 16 分	16	
5	模板中 2、4、6、8 边与凸模板的配合	不能装配扣 20 分;能装配情况下,用 0.2mm 塞尺测量,不能塞进,每边扣 5 分;总分 20 分	20	
6	模板中 1、3、5、7 边与凸模板的配合	每能装配扣 20 分;能装配情况下,用 0.2mm 塞尺测量,不能塞进,每边扣 5 分;总分 20 分	20	
7	模板凹模尺寸表面粗糙度	每升高一级扣 5 分,总分 10 分	10	
8	安全操作及台面清理	根据具体情况进行扣分,扣分不超过 10 分	10	
总评		得分		
		教师签字:	年　月　日	

第十章

模具零件的手工制作实例

第一节 基本要求

① 能够看懂模具零件图和模具装配图，能够根据零件外形特点、技术要求等制订合理的加工工艺路线。

② 能够正确使用用于模具零件手工制作的常用工具，完成模具零件的手工制作。

③ 能够自制和修磨完成模具零件手工制作所需的切削刀具和专用工具。

④ 能够保证模具加工精度。所制作的模具，必须满足制件的尺寸精度、形状精度等方面的要求；保证制件大批量成型加工过程中的互换性；保证其在长期使用（允许寿命范围）过程中的可靠性。所制作的模具，各零件之间的配合间隙、配合精度及表面质量要满足要求。

⑤ 能够在指定时间内完成模具零件的加工。

⑥ 能够保证模具价格的经济性。

第二节 实训项目

一、项目描述

冲裁模是在压力作用下利用凸凹模刃口对带料进行断裂分离的工艺装备。与传统加工相比，冲裁模具拥有成本低、生产效率高等优点。本项目以手工制作某一落料模具中包括凹模、凸模、凸模固定板以及卸料板在内的主要零部件为例，旨在让学生进一步熟练掌握划线、锉削、锯削、钻孔、扩孔、攻螺纹、研磨以及零件测量和简单加工工艺安排等基本操作技能。

二、项目实施过程

（一）落料凹模的手工制作

落料模中，落料凹模是基准件，加工时，应先加工它，再配作凸模。手工制作如图10-1

所示材料为Cr12MoV的落料凹模的具体工艺步骤如下：

凹模与凸模（图10-9）一样，属于模具中的成型零部件，为了保证凸、凹模之间合理的间隙，以及平面度、垂直度要求，需按如下步骤进行制作：

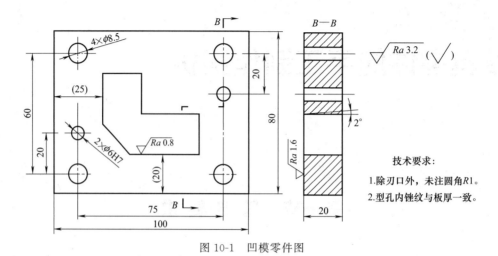

图10-1 凹模零件图

1. 毛坯准备

按尺寸100mm×80mm×20mm准备毛坯，认真检查毛坯尺寸，以判断其大小是否符合要求。

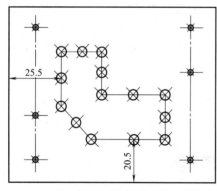

图10-2 划线

2. 划线

按零件图上的尺寸，利用划线工具在毛坯前后两面划出凹模轮廓线以及各孔的位置线，并使用样冲，以均匀的间隔在凹模轮廓线打上样冲眼，在各孔位置线交点处打上样冲眼，如图10-2所示。

3. 打排孔及中心孔

沿着所划轮廓进行钻孔，注意不可在划线范围外钻孔，孔边缘与划线边缘应留有最小单边0.5mm的余量，相邻两孔之间的距离约等于两个钻头直径之和的70%，如图10-3所示，最后得到断面型孔（图10-4）。在各待加工孔的位置打上中心孔。

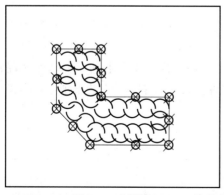

图10-3 打排孔

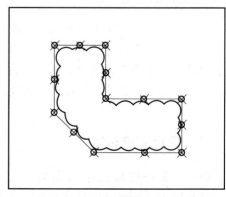

图10-4 断面型孔

当设备条件受限制时，可先沿型孔轮廓划出一系列孔中心线，孔间距为 0.5～1mm，然后按顺序在钻床上钻排孔，最后用錾子錾掉整个轮廓。

当凹模型孔较大时，可先在型孔转角处钻孔，然后将锯条穿过孔装在锯弓上，用锯条沿型孔轮廓线（留锉削余量 1mm）锯下中心废料。

4. 钻孔

① 选择 $\phi 8.5$mm 钻头，加工凹模上的 4 个直径为 8.5mm 的孔。

② 将落料凹模与下模座板按位置装配好，并用平行夹夹紧，分别选择 $\phi 5.7$mm 钻头以及 $\phi 6$mm 铰刀，同钻铰 2 个 $\phi 6$mm 销钉孔。

5. 粗锉

使用长度为 250mm 的粗齿平锉，采用顺向锉削的方法对各型孔面进行粗加工，并用游标卡尺测量各尺寸，确保所留余量为单边 0.1～0.2mm。

6. 精锉

与凸模配作，在保证合理间隙的情况下，使用长度为 150mm 的细齿平锉、什锦锉对各型孔面进行精加工，各边留单边余量 0.05～0.1mm，并用刀口角尺随时检验各边的垂直度。

7. 抛光

用油石打磨各表面，以达到表面粗糙度值 $Ra0.8\mu$m。

8. 检查验收

检查各表面有无夹痕、毛刺等缺陷，并按图纸要求认真检测各尺寸精度是否满足要求。

（二）凸模的手工制作

凸模的尺寸应以凹模尺寸为基准进行配作，手工制作如图 10-5 所示材料为 Cr12MoV 的凸模的具体工艺步骤如下：

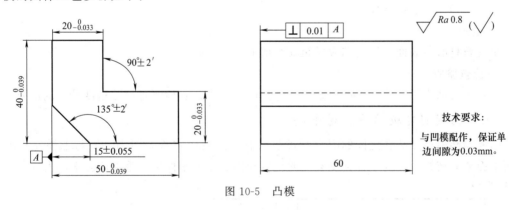

图 10-5　凸模

1. 毛坯准备

按如图 10-6 所示尺寸准备毛坯，认真检查毛坯尺寸，以判断其大小是否符合要求。

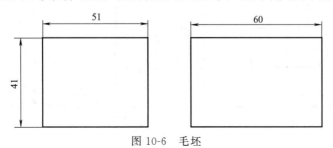

图 10-6　毛坯

2. 划线

按零件图上的尺寸，利用划线工具在毛坯前后两面划出落料凸模外形轮廓，并使用样冲，以均匀的间隔打上样冲眼，如图 10-7 所示。

3. 锯削

沿着所划外形轮廓线，使用手锯进行锯削，注意不可锯削到划线范围内，应留约 0.5mm 余量，如图 10-8 所示。

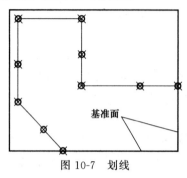

图 10-7　划线

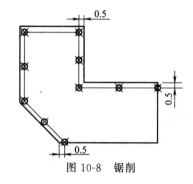

图 10-8　锯削

4. 粗锉

使用长度为 250mm 的粗齿平锉，采用顺向锉削的方法对各型面进行粗加工，并用游标卡尺测量各尺寸，确保所留余量为单边 0.05～0.1mm。

5. 精锉

使用长度为 150mm 的细齿平锉，采用推锉或顺向锉削的方法对各型面进行精加工，并用量块、千分尺、百分表测量相关尺寸。

采用压印锉修法对凸模进行加工。

6. 抛光

用油石打磨各表面，以达到表面粗糙度值 $Ra0.8\mu m$。

7. 检查验收

检查各表面有无夹痕、毛刺等缺陷，并按图纸要求认真检测各尺寸精度是否满足要求。

（三）凸模固定板的手工制作

凸模与凸模板安装孔之间的配合为过盈配合，凸模固定板（图 10-9）与上模座板或者垫板平面要紧密接触，为了保证安装孔的精度和固定板的平面度、垂直度要求，需按如下步骤进行制作：

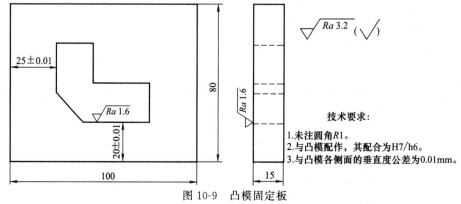

图 10-9　凸模固定板

1. 毛坯准备

按尺寸 100mm×80mm×15mm 准备毛坯（材料为 45 钢），认真检查毛坯尺寸，以判断其大小是否符合要求。

2. 划线

按零件图上的尺寸，利用划线工具在毛坯前后两面划出凸模安装孔外形轮廓，并使用样冲，以均匀的间隔打上样冲眼，如图 10-10 所示。

3. 打排孔

按图 10-11 所示，沿着所划轮廓进行钻孔，注意不可在划线范围外钻孔，孔边缘与划线边缘

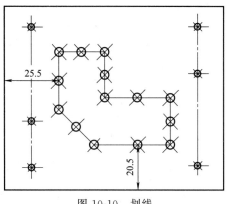

图 10-10　划线

应留有最小单边 0.5mm 的余量，相邻两孔之间的距离约等于两个钻头直径之和的 70%，最后得到如图 10-12 所示的断面型孔。

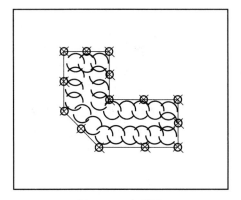

图 10-11　打排孔

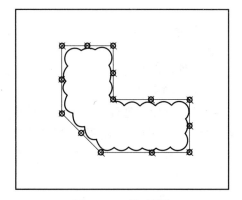

图 10-12　断面型孔

4. 粗锉

使用长度为 250mm 的粗齿平锉，采用顺向锉削的方法对各型孔面进行粗加工，并用游标卡尺测量各尺寸，确保所留余量为单边 0.1～0.2mm。

5. 精锉

与凸模配作，在保证过盈配合的情况下，使用长度为 150mm 的细齿平锉、什锦锉对各型孔面进行精加工，各边留单边余量 0.05～0.1mm，并用刀口角尺随时检验各边的垂直度。

6. 抛光

用油石打磨各表面，以达到表面粗糙度值 $Ra1.6\mu m$。

7. 检查验收

检查各表面有无夹痕、毛刺等缺陷，并按图纸要求认真检测各尺寸精度是否满足要求。

（四）卸料板的手工制作

需按如下步骤进行卸料板（图 10-13）的制作。

1. 毛坯准备

按尺寸 100mm×80mm×22mm 准备毛坯，认真检查毛坯尺寸，以判断其大小是否符合要求。

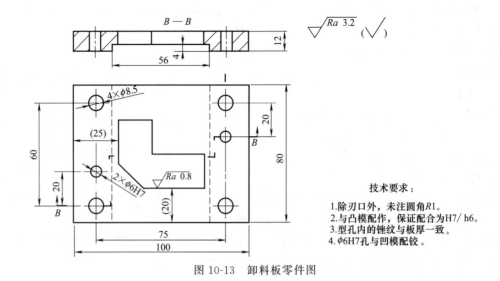

图 10-13　卸料板零件图

2. 划线

按零件图上的尺寸，利用划线工具在毛坯前后两面划出凹模轮廓线以及各孔的位置线，并使用样冲，以均匀的间隔在凹模轮廓线打上样冲眼，在各孔位置线交点处打上样冲眼。

3. 打排孔及中心孔

沿着所划轮廓进行钻孔，注意不可在划线范围外钻孔，孔边缘与划线边缘应留有最小单边 0.5mm 的余量，相邻两孔之间的距离约等于两个钻头直径之和的 70％，最后得到断面型孔。在各待加工孔的位置上打下中心孔。

4. 孔的配作

① 将凹模叠加在卸料板上方，并用平行夹夹紧。

② 选择 $\phi8.5$mm 钻头，通过凹模上 $\phi8.5$mm 的孔加工卸料板上 4 个直径为 8.5mm 的孔。

③ 选择 $\phi5.7$mm 钻头，通过凹模上 $\phi5.7$mm 的孔，对卸料板上 2 个 $\phi6$mmH7 销钉孔进行粗加工。

④ 选择 $\phi6$mm 铰刀，通过凹模上已经加工好的销钉孔，对卸料板上 2 个 $\phi6$mmH7 的销钉孔进行精加工。

5. 粗锉

使用长度为 250mm 的粗齿平锉，采用顺向锉削的方法对各型孔面进行粗加工，并用游标卡尺测量各尺寸，确保的留余量为单边 0.1～0.2mm。

6. 精锉

与凸模配作，在保证合理间隙的情况下，使用长度为 150mm 的细齿平锉、什锦锉对各型孔面进行精加工，各边留单边余量 0.05～0.1mm，并用刀口角尺随时检验各边的垂直度。

7. 抛光

用油石打磨各表面，以达到表面粗糙度值 $Ra3.2\mu$m。

8. 检查验收

检查各表面有无夹痕、毛刺等缺陷，并按图纸要求认真检测各尺寸精度是否满足要求。

思考与练习

试写出加工如图 10-14 所示凸、凹模的具体步骤。

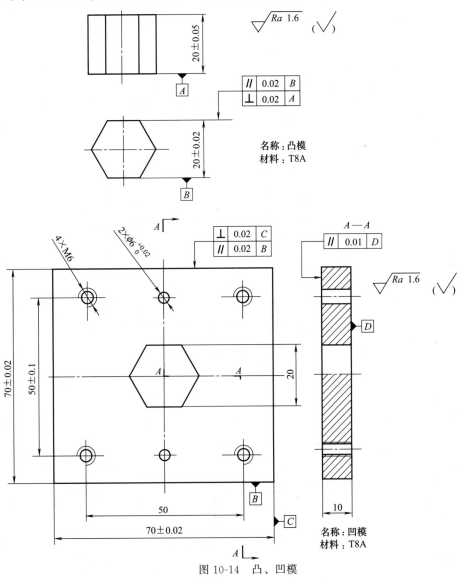

图 10-14　凸、凹模

项 目 考 核

模具零件的手工制作实例	
工作任务	完成落料模中落料凹模、落料凸模、凸模固定板、卸料板等零件的手工制作
工作任务描述	通过对零件1落料凹模、零件2落料凸模、零件3凸模固定板、零件4卸料板等零件的手工制作,训练学生正确使用划线工具进行划线,正确使用锯削工具、錾削工具、锉削工具、钻削加工工具以及抛光工具等常用模具钳工工具进行模具零件的手工制作,并且正确使用测量工具对加工好的孔进行测量、检验 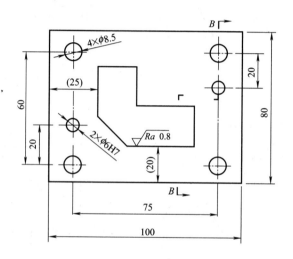 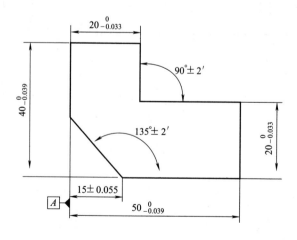

续表

工作任务 描述	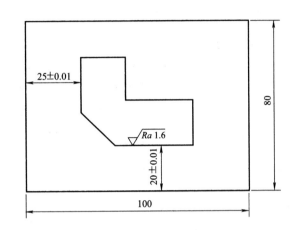 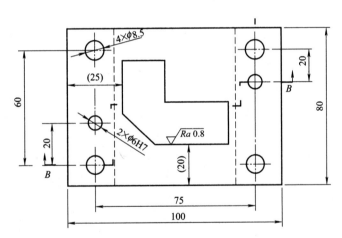
使用工具	锯削工具、錾削工具、锉削工具、钻削加工工具、抛光工具、测量工具
学习目标	技能点： ①能正确制订合理的加工工艺 ②能正确使用各种模具钳工工具 ③能正确使用测量工具 知识点： ①掌握各种模具钳工工具的正确使用方法 ②掌握测量工具的正确使用方法

【项目评价表】

项目:模具零件的手工制作		班级		
工作任务:凹模、凸模、凸模固定板、卸料板的加工		姓名		学号

项目过程评价(100 分)

序号	项目及技术要求	评分标准	分值	成绩
1	加工前的准备:所选择的加工方法合理可行,所准备的工具、量具齐全	加工方法每错选一次扣 3 分;每少准备一个工具扣 1 分;每少准备一个量具扣 1 分	10	
2	钳工划线:所划各孔位置线、轮廓线准确、线条清晰、无重叠线	每出现一次错误扣 1 分	15	
3	钳工划线:冲眼准确,大小均匀,无偏斜	每出现一次错误扣 1 分	10	
4	钻孔:操作熟练,各尺寸精度达标	对于有尺寸精度要求的孔,每超差 0.01mm 扣 1 分;对于无尺寸精度要求的孔,每超差 0.1mm 扣 1 分	20	
5	锉削:操作熟练,各尺寸精度达标,满足平行度、垂直度要求	对于有尺寸精度要求的结构,每超差 0.01mm 扣 1 分;对于无尺寸精度要求的结构,每超差 0.1mm 扣 1 分	20	
6	抛光:操作熟练,达到表面粗糙度要求	每出现一次错误扣 1 分	10	
7	检验:能正确读数	每读错一次数据扣 1 分	10	
8	安全文明生产:能正确执行安全技术操作规程	每出现一次错误扣 1 分	5	
总评		得分		
		教师签字:	年　月　日	

各类钳工竞赛试题及评分标准

（试题毛坯件根据图纸按一定的余量和精度自行准备）

试题（一）

1. T形镶配件加工

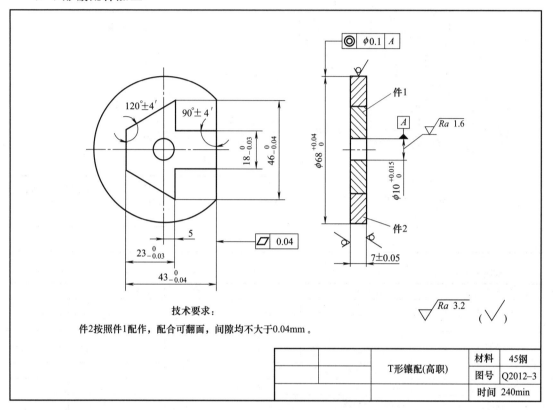

技术要求：

件2按照件1配作，配合可翻面，间隙均不大于0.04mm。

		T形镶配(高职)	材料	45钢
			图号	Q2012-3
			时间	240min

2. 评分标准

考核项目	考核内容		检测工具	参考分值
配合件1(尺寸、角度、铰孔)	尺寸,占分比30%		千分尺 游标卡尺	30分
	角度、垂直度,占分比20%		万能角尺、塞尺等	20分
	平行度,占分比6%		百分表架、百分表	6分
	表面粗糙度,占分比7%		目测	7分
	铰孔	铰孔尺寸,占分比4%	止通规(塞规)	4分
		表面粗糙度,占分比2%	目测	2分
配合件2 (以件1配作)	表面粗糙度,占分比7%		目测	7分
配合	间隙(<0.03mm),占分比14%		平板、塞尺	14分
	同轴度(<0.1mm),占分比10%		V形架、芯棒、百分表	10分
安全操作	钻孔、錾削违规(安全操作规程)		现场裁判	2分(从总分中扣除)
	其他违规		现场裁判	1分(从总分中扣除)
	不打扫卫生离场		现场裁判	2分(从总分中扣除)
合计得分				100分

注：以上各项考核内容分值可根据具体竞赛试题作适当调整。

试题（二）

1. 十字镶配件加工

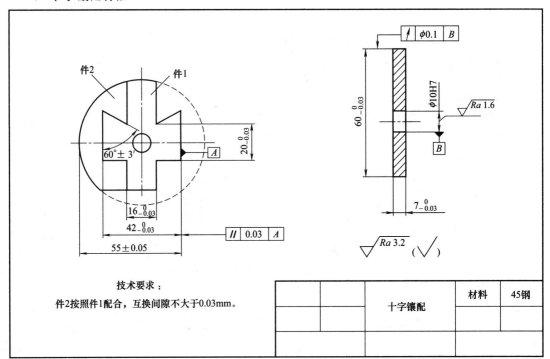

技术要求：

件2按照件1配合，互换间隙不大于0.03mm。

		十字镶配	材料	45钢

2. 评分标准

工件	项目	序号	考核要求	配分	技术要求	结果	得分	测评人
件1	锉削	1	$42_{-0.03}^{0}$　1处	6				
		2	$16_{-0.03}^{0}$　2处	10				
		3	$20_{-0.03}^{0}$　2处	10				
		4	$60_{-0.03}^{0}$　1处	6				
		5	$60°±3'$　2处	4				
		6	$90°±3'$　6处	9				
	钻孔铰削	7	$\phi10H7$ 粗糙度 $\sqrt{Ra\,1.6}$	4				
配合		8	$55±_{0.05}^{0.05}$　2处	6	超标准一半得一半分，全超不得分			
		9	间隙<0.03mm　10处	15				
		10	件1平行度<0.03mm	6				
		11	件1平面度<0.03mm　11处	11				
		12	粗糙度 $\sqrt{Ra\,3.2}$	3				
		13	错边量0~0.05mm　4处	2				
		14	圆跳动≤0.1mm	4				
其他要求		15	文明生产及安全要求（见备注）	4				
备注			①文明生产要求： 保持工作场地整洁、工、量、夹具及工件摆放合理 比赛结束后选手应将台虎钳周围打扫干净，垃圾倒入垃圾箱；场地未清理或清理不彻底将根据情节扣1~4分（由现场裁判执行，并告知选手） 违反安全操作规程，视情节扣1~4分（由现场裁判执行，并告知选手） ②以件1为基准配件2,件1配合须翻边					

试题（三）

1. 燕尾形镶配件加工

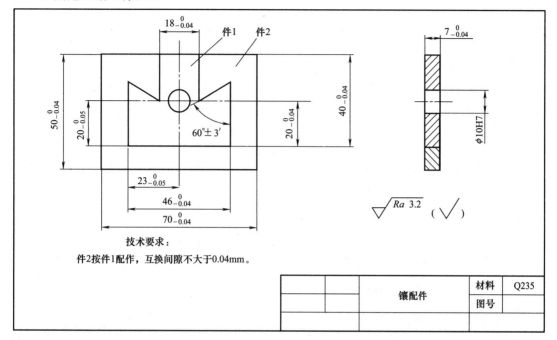

技术要求：

件2按件1配作，互换间隙不大于0.04mm。

		镶配件	材料	Q235
			图号	

2. 评分标准

工件	项目	序号	考核要求	配分	技术要求	结果	得分	测评人
件1	锉削	1	$46_{-0.04}^{0}$　1处	8				
		2	$40_{-0.04}^{0}$　1处	6				
		3	$18_{-0.04}^{0}$　1处	8				
		4	$20_{-0.04}^{0}$　1处	8				
		5	$60°\pm3'$　2处	8				
		6	$90°\pm3'$　4处	8				
孔	钻孔铰削	7	$\phi10H7$ 粗糙度 $\sqrt{Ra\,1.6}$	4				
		8	$23_{-0.05}^{+0.05}$　1处	4				
		9	$20_{-0.05}^{+0.05}$　1处	4				
件2	锉削	10	$70_{-0.04}^{0}$　1处	4				
		11	$50_{-0.04}^{0}$　1处	4				
配合		12	间隙<0.04mm　14处	14	超标准一半得一半分，全超不得分			
		13	件1平面度<0.04mm　8处	12				
		14	粗糙度 $\sqrt{Ra\,3.2}$	2				
		15	错边量0~0.03mm　2处	2				
其他要求		16	文明生产及安全要求（见备注）	4				
备注	①文明生产要求： 保持工作场地整洁、工、量、夹具及工件摆放合理 比赛结束后选手应将虎钳周围打扫干净，垃圾倒入垃圾箱；场地未清理或清理不彻底将根据情节扣1~4分（由现场裁判执行，并告知选手） 违反安全操作规程，视情节扣1~4分（由现场裁判执行，并告知选手） ②以件1为基准配作件2，件1配合须翻边						

试题（四）

1. 燕尾斜镶配件加工

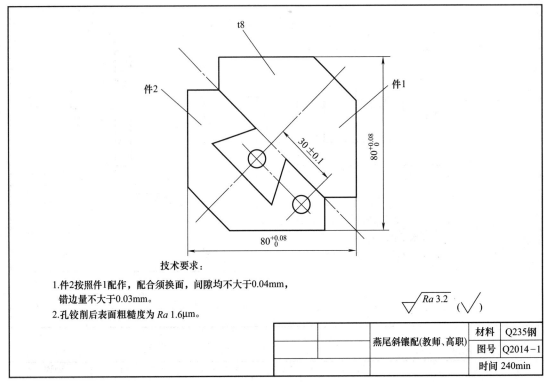

技术要求：

1. 件2按照件1配作，配合须换面，间隙均不大于0.04mm，错边量不大于0.03mm。
2. 孔铰削后表面粗糙度为 *Ra* 1.6μm。

$\sqrt{Ra\ 3.2}$ （√）

		燕尾斜镶配(教师、高职)	材料	Q235钢
			图号	Q2014-1
			时间	240min

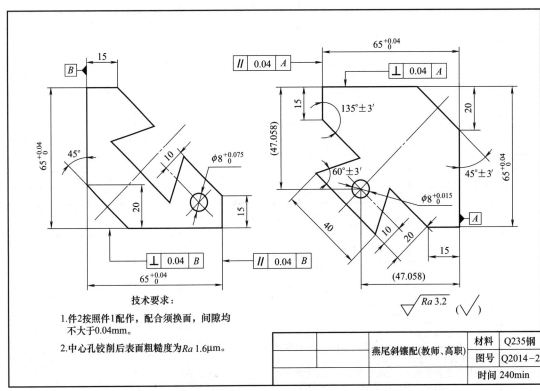

技术要求：

1. 件2按照件1配作，配合须换面，间隙均不大于0.04mm。
2. 中心孔铰削后表面粗糙度为 *Ra* 1.6μm。

$\sqrt{Ra\ 3.2}$ （√）

		燕尾斜镶配(教师、高职)	材料	Q235钢
			图号	Q2014-2
			时间	240min

2. 评分标准

图号	项目	序号	考核要求	配分	检测工具	名称	规格	精度	数量	名称	规格	精度	数量
件1	锉削	1	$65^{+0.04}$　2处	8	千分尺	高度游标尺	0～300	0.02	1	直铰刀	φ8	h7	1
		2	60°±3′　2处	6	万能角度尺	游标卡尺	0～150	0.02	1	铰杠			1
		3	135°±3′　4处	12	万能角度尺	万能角度尺	0°～320°	2′	1	粗扁锉	300		1
		4	10处 √Ra 3.2	5	表面粗糙度样板	塞尺	0.02～0.5		1		150		1
		5	1处 ⊥ 0.04 B	4	90°角尺、塞尺	塞规	φ8	h7	1	细扁锉	200		1
		6	1处 ∥ 0.04 B	4	平板、百分表	60°样板		2′			150		1
	铰削	7	φ8H7　1处	4	止通规	千分尺	0～25	0.01	1		100		1
		8	1处 √Ra 1.6	3	表面粗糙度样板		25～50	0.01	1	粗三角锉	150		1
件2	锉削	9	2处 $65^{+0.04}_{0}$	4	千分尺		50～75	0.01	1	锤子			1
		10	10处 √Ra 3.2	5	表面粗糙度样板	刀口形尺	100mm		1	油光锉	150		1
		11	1处 ⊥ 0.04 B	4	90°角尺、塞尺	90°角尺	100×63	一级	1	什锦锉			1套
		12	1处 ∥ 0.04 B	4	平板、百分表	V形架			1副	样冲			1
	铰削	13	φ8H7　1处	4	止通规	芯棒	φ10×120	h6	1	划针			1
		14	1处 √Ra 1.6	3	表面粗糙度样板	百分表	0～0.8	0.01	1	样冲			1
配合		15	间隙<0.04mm 5处	15	平板、塞尺	表架			1	划针			1
		16	锉配 错位量< 0.04mm	3	刀口形尺、塞尺	钢直尺	0～150		1	锯条			自定
		17	2处 $80^{+0.08}_{0}$	6	游标卡尺	划规			1	软钳口			1副
		18	1处 30±0.1	6	游标卡尺	锯弓			1	锉刀刷			1
备注	安全文明生产要求： ①保持工作场地整洁，工、量、夹具及工件摆放合理 ②比赛结束后选手应将台虎钳周围打扫干净，垃圾倒入垃圾箱；场地不清理或清理不彻底根据情节扣1～3分(由现场裁判执行，并告知选手) ③违反安全操作规程，视情节扣1～3分(由现场裁判执行，并告知选手)					钻头	φ3、φ4		2				
							φ6		1				
							φ7.8		1				
						备注	除上述公布的清单外，选手可以根据工艺的不同准备其他工量具，但是非标的角度样板不得跨过两个角度						

试题（五）

1. 燕尾正镶配件加工

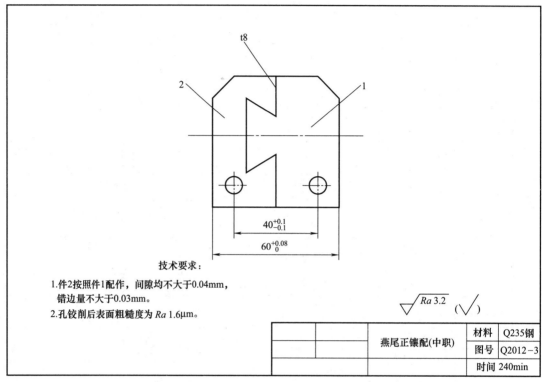

技术要求：

1. 件2按照件1配作，间隙均不大于0.04mm，
   错边量不大于0.03mm。
2. 孔铰削后表面粗糙度为 Ra 1.6μm。

$\sqrt{Ra\,3.2}$ （$\sqrt{}$）

		燕尾正镶配(中职)	材料	Q235钢
			图号	Q2012－3
			时间	240min

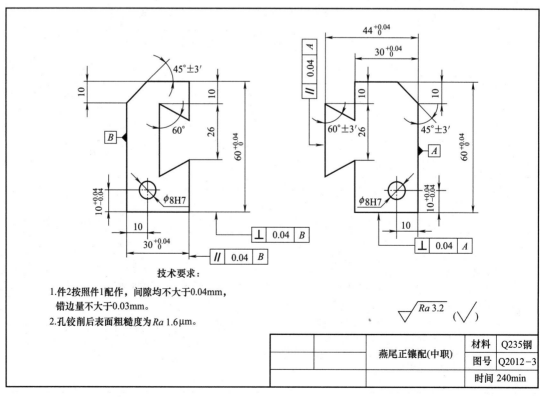

技术要求：

1. 件2按照件1配作，间隙均不大于0.04mm，
   错边量不大于0.03mm。
2. 孔铰削后表面粗糙度为 Ra 1.6μm。

$\sqrt{Ra\,3.2}$ （$\sqrt{}$）

		燕尾正镶配(中职)	材料	Q235钢
			图号	Q2012－3
			时间	240min

2. 评分标准

图号	项目	序号	考核要求	配分	检测工具	名称	规格	精度	数量	名称	规格	精度	数量
件1	锉削	1	1处$44^{+0.04}_{0}$	4	千分尺	高度游标尺	0～300	0.02	1	直铰刀	φ8	h7	1
		2	1处$60^{+0.04}_{0}$	4	千分尺	游标卡尺	0～150	0.02	1	铰杠			1
		3	1处10 ± 0.04	4	千分尺	万能角度尺	0°～320°	2′	1	粗扁锉	300		1
		4	2处$30^{+0.04}_{0}$	8	千分尺	塞尺	0.02～0.5		1		150		1
		5	$135°\pm3'$　2处	4	万能角度尺								
		6	$60°\pm3'$　2处	4	万能角度尺	塞规	φ8	h7	1		200		1
		7	9处$\sqrt{}$ Ra 3.2	5	表面粗糙度样板	60°样板		2′	1	细扁锉	150		1
		8	1处 ⊥ 0.04 A	4	90°角尺、塞尺	千分尺	0～25	0.01	1		100		1
		9	1处 ∥ 0.04 A	4	平板、百分表		25～50	0.01	1	粗三角锉	150		1
	铰削	10	φ8H7	4	止通规		50～75	0.01	1	锤子			1
		11	1处$\sqrt{}$ Ra 1.6	2	表面粗糙度样板	刀口形尺	100mm		1	油光锉	150		1
件2	锉削	12	1处$60^{+0.04}_{0}$	4	千分尺	90°角尺	100×63	一级	1	什锦锉			1套
		13	1处$30^{+0.04}_{0}$	4	千分尺	V形架			1副	样冲			1
		14	1处10 ± 0.04	4	千分尺	芯棒	φ10	h6	1	划针			1
		15	9处$\sqrt{}$ Ra 3.2	5	表面粗糙度样板	百分表	0～0.8	0.01	1	样冲			1
	铰削	16	$135°\pm3'$ 2处	4	万能角度尺	表架			1	划针			1
		17	φ8H7	4	止通规	钢直尺	0～150		1	锯条			自定
		18	1处$\sqrt{}$ Ra 1.6	2	表面粗糙度样板	划规			1	软钳口			1副
配合		19	间隙<0.04mm 5处	15	平板、塞尺	锯弓			1	锉刀刷			1
		20	锉配错位量<0.04mm	3	刀口形尺、塞尺	钻头	φ3、φ4		2				
		21	1处$60^{+0.08}_{0}$	4	游标卡尺		φ6		1				
		22	1处$40^{+0.1}_{-0.1}$	4	游标卡尺		φ7.8		1				
备注	安全文明生产要求： ①保持工作场地整洁，工、量、夹具及工件摆放合理 ②比赛结束后选手应清理工作场地，场地不清理或清理不彻底根据情节扣1～3分（由现场裁判执行，并告知选手） ③违反安全操作规程，视情节扣1～3分（由现场裁判执行，并告知选手）					备注	除上述公布的清单外，选手可以根据工艺的不同准备其他工量具，但是非标的角度样板不得跨过两个角度						

参 考 文 献

[1] 邱言龙. 巧学机修钳工技能. 北京：中国电力出版社，2011.

[2] 熊建武，熊昱洲. 模具零件的手工制作与检测. 北京：北京理工大学出版社，2011.

[3] 张富建，郭英明，叶汉辉. 钳工理论与实操（入门与初级考证）北京：清华大学出版社，2010.

[4] 《职业技能培训 MES 系列教材》编委会. 钳工技能. 北京：航空工业出版社，2008.

[5] 马德成. 机械零件测量技术与实例. 北京：化学工业出版社，2012.

[6] 何建民. 钳工操作技术与窍门. 北京：机械工业出版社，2006.

[7] 殷铖，王明哲. 模具钳工技术与实训. 北京：机械工业出版社，2005.

[8] 张华. 模具钳工工艺与技能训练. 北京：机械工业出版社，2004.

[9] 刘峰善，杜伟. 钳工技能培训与鉴定考试用书. 济南：山东科学技术出版社，2006.

[10] 付宏生，刘国良，孟献军. 模具钳工与装配问答. 北京：化学工业出版社，2009.

[11] 胡家富. 模具钳工问答. 上海：上海科学技术出版社，2012.

[12] 熊建武. 模具零件的手工制作. 北京：机械工业出版社，2009.

[13] 李斌，耿向前. 钳工工艺与技能训练. 北京：机械工业出版社，2010.

[14] 韩树明. 机械加工实训. 北京：高等教育出版社，2012.

[15] 藤宏春. 模具零件数控加工技术. 北京：高等教育出版社，2013.

[16] 熊建武，熊昱洲. 机械零件的手工制作与检测. 北京：化学工业出版社，2011.

[17] 杨占尧. 模具专业导论. 第 2 版. 北京：高等教育出版社，2013.

[18] 秦荣健，麻艳. 高级钳工工艺与技能训练. 第 2 版. 北京：中国劳动社会保障出版社，2011.

[19] 欧阳波仪. 钳工入门. 北京：化学工业出版社，2012.